"十三五"国家重点图书出版规划项目

国家出版基金项目
NATIONAL PUBLICATION FOUNDATION

中国制埙艺术

张颖铮 刘宽忍 主编

沈瀚超 著

陕西新华出版传媒集团
太白文艺出版社·西安

图书在版编目（CIP）数据

中国制埙艺术 / 张颖铮, 沈瀚超著. -- 西安：太
白文艺出版社, 2020.12
（中国埙乐文化 / 刘宽忍主编）
ISBN 978-7-5513-1939-3

Ⅰ.①中… Ⅱ.①张… ②沈… Ⅲ.①民族管乐器—
乐器制造—研究—中国 Ⅳ.①TS953.06

中国版本图书馆CIP数据核字(2020)第255188号

中国制埙艺术

ZHONGGUO ZHIXUN YISHU

作　者	张颖铮　沈瀚超	
责任编辑	蒋成龙	
封面设计	郑江迪	
版式设计	建明文化	
出版发行	陕西新华出版传媒集团	
	太白文艺出版社	
经　销	新华书店	
印　刷	西安市建明工贸有限责任公司	
开　本	720mm×1000mm　1/16	
字　数	120千字	
印　张	10.75	
版　次	2020年12月第1版	
印　次	2020年12月第1次印刷	
书　号	ISBN 978-7-5513-1939-3	
定　价	108.00元	

联系电话：029-81206800
出版社地址：西安市曲江新区登高路1388号（邮编：710061）
营销中心电话：029-87277748　029-87217872

《中国埙乐文化》项目编委会

总顾问：乔建中

主　编：刘宽忍

总策划：党　靖　党晓绒

编　委：（按姓氏音序排序）

前　言

　　"至哉！埙之自然，以雅不僭，居中不偏。故质厚之德，圣人贵焉。"唐代郑希稷的《埙赋》写出了埙的平和之气、理化之音。埙刚柔必中，清浊靡失，古今无出其右者。

　　埙是我国最古老的乐器之一，在几千年漫长的演变过程中，虽经传承发展但仍日渐式微。1956年以来，西安半坡遗址、姜寨遗址先后出土了距今6000多年的陶埙。1973年，浙江余姚河姆渡文化遗址出土了一枚无音孔陶埙，经考证，距今约有7000年的历史，是我国目前发现的最早陶埙。此后，在河南、山西、宁夏、甘肃、台湾等地，不同历史时期的埙陆续在考古中被发现，与我国一衣带水的日本、韩国等亚洲国家，以及欧洲、非洲，甚至大洋洲、太平洋彼岸的美洲，也有埙的身影。

　　20世纪中叶，我国个别对古埙有深厚情怀的专家、学者及演奏家，对埙进行了大量的探索和实践，在埙的制作、乐曲创作、演奏等方面付出了艰辛的劳动，取得了一些宝贵经验，并在国内外舞台上成功演出，受到了高度赞扬。此外，埙在影视作品中也有所展示,不过大多作为色彩乐器使用。但埙毕竟是小众乐器,加之舞台艺术受众面的局限等诸多因素的影响,这一古老艺术发展缓慢。直到 20 世纪 80 年代末,埙对于绝大多数音乐界人士而言仍然是一种很陌生的乐器,社会上知道埙的人更是寥寥无几。

可喜的是,20 世纪 90 年代初,贾平凹先生在听到埙曲《遐想》后产生了强烈共鸣,并激发了他对埙的浓厚兴趣。恰在此时,贾平凹先生正在构思他的长篇小说《废都》,便将埙写入这部小说。1993 年,《废都》发表,埙由此受到社会的普遍关注,为大众所知。短短几个月内,当时在西安音乐学院任教的我便收到了几万封来自全国各地的信件,这些信件无一不在表达想了解埙、学习埙的强烈渴望。

随着人们对埙这种古老而神秘的乐器关注度的提高,埙乐艺术受到越来越多人的青睐。这其中有埙乐研究专家、演奏家,也有众多民间爱好者。自《废都》引发埙乐热潮之后,社会上涌现出许多埙乐爱好者,他们对埙乐有着执着的热爱,在埙的制作方面,也进行了潜心研究和实践。他们所做的埙也有较好的基础,但与专业埙乐器有一定区别,还需要进一步接受专业的指导和专业舞台的检验。工艺品埙正在形成日渐壮大的产业市场,其中部分工艺品埙经过不断改良可以吹奏完整曲调,满足了民间爱好者赏玩的基本需求。

在专业领域方面,王其书先生双腔葫芦埙的发明与张荣华先生群体埙的多声部系列化的成功研发,使全新的、专业的埙乐团的组建成为现实。埙在制作、乐曲创作和演奏方面的长足进步,推动了埙的教学、普及，以及专业体系的形成，进而在中西乐器组合方面取得了一定的成果。目前，埙作为专业乐器已经进入高等音乐院校的专业教学领域，并跻身专业音乐活动的主奏乐器行列。总体上看，埙乐艺术的发展正呈现出良好局面。

为了正确引导众多喜爱埙乐的朋友，亦作为对28年前那几万封来信的诚挚回应，我们编撰了这套《中国埙乐文化》丛书。这套丛书编撰历经数年，在这过程中有很多困扰、纠结、为难。埙是一种古老而年轻的乐器，其资料零散细碎，编撰团队从不同渠道搜集、甄别、整理，费尽心力，而有些研究尚在进行当中。受主客观因素影响，埙在理论、制作、乐曲创作、演奏等方面的研究成果恐仍有遗漏。一言以蔽之，时间紧迫、水平有限，书中不尽如人意之处，还望各位同人海涵。

书稿付梓在即，感谢国家出版基金的大力支持，感谢太白文艺出版社编辑团队的辛勤付出，感谢所有为此书提供资料的专家、学者，包括已故的名家前辈，感谢《中国埙乐文化》丛书编委会成员付出的艰辛努力。书中所有由专家本人提供的资料，原则上未做改动。本套丛书只是阶段性成果，若能使广大埙乐爱好者从中受益，我们不胜欣喜。望诸君携手，共同致力于埙乐艺术的繁荣发展。

刘宽忍

2020 年 5 月于西安音乐学院工作室

目 录

CONTENTS

CONTENTS

CONTENTS

第一章　概　述

我国已知最早的埙，是在浙江余姚河姆渡遗址发掘出土的。经科学测定，该埙距今已有七千多年的历史。古时候，人们利用自然形成的有空腔或者孔洞的石器发出的声音诱捕猎物。石器由于便于利用，且它发出的声音类似于鸟兽的叫声，便成为一种狩猎的辅助工具。有人推断认为，这种石器就是"飞弹"，人们用它投向猎物时，石器上的空腔有气流灌入，便发出了哨音。这启发了人们的灵感，人们开始用它制作出能发声的器物，最早的埙就这样产生了。因而，埙的诞生起源于人们的生产劳动活动。

埙作为一种古老的乐器，在我国的考古资料和史书中都有记载。《乐书》中引古人谯周的话："幽王之时，暴辛公善埙。"《世本》中记述埙为暴辛公所作。《拾遗记》记载："庖牺氏易土为埙。"《诗经·小雅》记载："伯氏吹埙，仲氏吹篪。"《尔雅》记载："埙，烧土为之，大如鹅子，锐上平底，形如秤锤，六孔，小者如鸡子。"

从七千多年前只有吹孔、没有音孔的椭圆形陶埙，到近代改进制作的具有八至十多孔的各式各样的单腔体埙，再到1990年成功制作的双腔葫芦埙，埙经历了漫长的演变历程，其间凝结了众多制埙家及演奏家的汗水和智慧。一代代制埙家使埙这种古老乐器的制作工艺得以传承，续写了这一古老乐器的发展史。

一、考古发掘

埙首次发掘于 20 世纪 50 年代。随着国家文物考古工作的推进，埙渐渐进入音乐工作者的视野。到了 20 世纪 70 年代，老一辈音乐家吕骥、李纯一、黄翔鹏、吴钊等人相继对当时出土的埙做了测音工作，探索中国音乐早期音阶的起源与形成原理。相关研究文章发表于《文物》《音乐论丛》等期刊上。随后，一批演奏家也投入了精力进行了研究，在埙制作、埙乐谱曲、埙演奏方面做出巨大贡献并取得骄人的成果。主要的代表人物有曹正、陈重、杜次文、赵良山、陆金山、曹建国（曹节）、高明、庄本立等。屠式璠曾对这一阶段的历史资料做过详细的整理，并发表了相关文章。在该项目另一本图书《中国埙乐名家》中有详细的描述，我们在此不做过多陈述。

二、制作的突破

20 世纪 90 年代，是制埙工艺快速发展的时期。制作的突破主要表现在两个方面：

（一）**单腔体埙音域的拓宽。**制埙者在传统制埙工艺的基础上，改变了埙的内部结构，合理地增加腔体。制埙名家王其书于 1990 年对单腔体埙的音域成功地实现了大幅度的拓宽，制作出双腔葫芦埙，使埙的音域达到两个八度。如果加上俯吹音，那么实际可使用的音域就达到两个八度以上。他创造性地将两个卵形埙上下叠加，制成葫芦状，中间开出一个小孔（称蜂腰孔），打通两个腔体。平吹的时候，气息平缓，埙的上下腔合二为一，其内部气团振动好似在一个单腔体埙内；超吹的时候，急促的气流大部分只在上面的腔体内旋而不下沉，相当于腔体气团缩小了一半。这个时候，下面的腔体只起到辅助共鸣的作用，不参与振动发声，所以出现了超吹的八度音。这项技术改革的关键在于蜂腰孔的大小，要经过多次试验，才能达到最佳演奏效果。

（二）群体埙的多声部系列化。其应用集中体现在埙乐团这一全新的埙乐表演艺术形式上。它的核心技术在于埙的音准调节以及各调埙全部标准化、规范化。1993年，制埙名家张荣华开始利用树脂工艺研制各种调子的埙，对埙进行了标准化、规范化制作，解决了当时困扰埙发展的两大难题：音准问题和高音难以吹响的问题。这两个问题的解决为埙的发展带来突破性的进步，极大地方便了演奏。张荣华于1999年对埙的形制、定调、指法排列等方面以精确的数据进行了专业的、科学的规范，并撰写成文章。张荣华除了在古制平底卵形的八孔埙和九孔埙的基础上，研发了人所能操作的最多的调式，规范化地制作出全套四十个调子外，还研制出宽音域的十孔埙，完善了宽音域埙的高低音色的统一。自1995年北洼路小学的埙乐队、西城少年宫埙乐队、北京少年埙乐团、中国青年埙乐团、伯氏埙乐团，到2017年中央音乐学院组建的龙之吟笛埙乐团，以及四川音乐学院的后土埙乐团……埙的标准化实践成果，吸引了越来越多作曲家、演奏家、演奏团体的关注，促进了埙乐的进一步发展。

由此可以看出，埙在制作方面，无论是纵向还是横向，相比之前都有了长足的进步。

从此，埙的乐器身份得到真正的确立，埙也就此步入了发展期和成熟期。各地的制埙水平在不断得以提高，越来越多的年轻人开始进入埙制作和演奏的领域。

吕骥先生曾说过：任何一种乐器的制作，必定要随着人们的社会实践的发展不断地向更高的阶段发展，如果不能适应发展了的社会实践的需要，那它就会慢慢地走向灭亡。而比较高级的、制作精细且日臻完善的乐器的制成，必然要发展、拓宽人们对于音程、音阶、音律的认识。

科学技术的应用和制作工艺的改革，促成了埙的标准化生产，这一改变适应了社会实践的需要，使埙向更高的阶段发展并得以完善。

三、制作工艺

目前，我国制埙工艺主要分为两种：

（一）陶土工艺。陶土工艺是我国制埙的传统工艺，历史悠久，几乎伴随着整个中华文明史。因此陶土工艺仍然是目前大部分制埙者的选择。陶土工艺本身比较复杂，所以制作陶埙首先要攻克陶艺技术上的难关；其次，制埙者需具备一定的演奏技术，这样在制埙时，才能更好地调节埙的音色。

（二）树脂工艺。树脂工艺是现代的新技术，其应用迄今为止不到三十年的时间。材料的革新，使得所制之埙不需要烧制即可成型，抗摔抗震能力大大增强，成型以后可以反复调音。这种工艺是由制埙名家张荣华发明的，所制埙命名为"荣华埙"。"荣华埙"外形华丽大气，古意与时尚并行。

以上两种工艺各有特点，对于使用者而言，只要是高品质的乐器，且符合自己的演奏需求，就都可以选择使用。

此外，还有用其他工艺、材料制作的埙，如竹埙、石埙等，但数量较少，它们在制作过程中存在较多的条件限制，因此使用率不高。

四、制埙分布情况

就目前掌握的资料看，北京、陕西、四川、山东、河北、广东、湖南、河南、江苏、吉林、甘肃、福建、海南等地都有埙的制作者、教学者及演奏者。这些地方的埙工作者或团体与高校联合推进埙文化的传承，比如北京的制埙名家张荣华与中央音乐学院戴亚教授合作推进埙乐团表演艺术的实践；河南焦作王小建的"黄河泥埙"在河南理工大学、郑州师范学院等院校通过教学得到传承；山东德州的"李氏陶埙"在德州学院通过教学得到传承；河南洛阳的谢雪华创办弘艺国乐艺术中心；重庆的赵焕鼎与社区教育学院、当地各文化馆、老年大学联合推进埙演奏教学……这些埙工作者在各自的领域做出了贡献。

埙从一个吹孔发展到今天的十音孔，穿越了七千多年的漫长岁月，并未随时代变迁而消亡，反而能在21世纪的今天呈现蓬勃发展之势，它对中国音乐的发展起到了积极的作用。

本书主要将20世纪90年代以来埙的制作工艺、传承以及全国制埙师做一系统梳理和展示，其目的是让更多的人了解埙文化，将这一传统艺术发扬光大；同时为当今制埙工作者提供参考，促进学习交流，为埙的健康发展尽一份绵薄之力。

第二章　埙的形制

一、历史脉络

近现代以来，在我国多地相继发掘出不少不同历史时期的陶质、石质和瓷质等不同材质的埙，经过考古考证和查阅史书文献记载，可以概略地看出埙在我国发展的历史脉络。

新石器时代，埙多由石、骨制成，后来逐渐出现了陶土烧制的埙，其共性是顶端都有一个吹孔。几千年来，埙的外形也呈现多种样态：球形、管形、卵形、梨形、月牙形、人头形、牛头形、橄榄形及多种动物形状。随着人类社会的发展，埙的制作工艺也逐渐成熟，并增加了音孔。

河南辉县琉璃阁殷墟出土的六孔埙能够吹奏出完整的七声音阶和部分半音，从而证实殷商时期，七声音阶在我国已经形成。埙在当时已经成为一种较成熟的旋律乐器，其形制也趋向规格化。在商周时期的中原地区，"锐上平底"的卵形埙取代了其他形状的埙，成为埙的主流形制，只有少数民族地区还存在其他形制的埙。

秦汉时期，埙主要用于宫廷音乐演奏，分为颂埙和雅埙两种。颂埙较小，如同鸡蛋，音调稍高；雅埙较大，常与篪合奏，音调偏低，音色浑厚。汉代是埙乐发展的高峰期，民间多有流传。

隋唐时期，对外交流日益频繁，丝弦乐器及外来的乐器得到广泛流播。埙因其存在音量较小、音域较窄的缺陷，难以适应较高水平的音乐演艺，故逐渐被其他乐器替代，流落于民间，埙及埙乐开始走向衰落。埙渐渐地演变为一种玩赏摆设，几乎不再用于演奏。

明清时期，复古风盛行，埙这一古老乐器得以复兴，再次出现在宫廷音乐演奏中。清光绪年间，河北吴桥县吴浔源先生复制出殷商时期五音孔埙。再后来，封建王朝彻底灭亡，埙也随之隐没难见。

直到近现代，人们才又重新对古埙进行仿制、改良，并再次应用于演奏。中华人民共和国成立后，民族音乐和民族乐器得到重视并走向繁荣。特别是在 20 世纪 70 年代，曾侯乙编钟的出土，引发社会各界瞩目，进而掀起了一股研究古乐的热潮。20 世纪 80 年代以来，埙的改良、研制取得了长足的发展。

1990 年，制埙名家王其书成功研发出复合振动腔体结构的双腔葫芦埙。此前，他通过查阅国内外数十种文献资料，并与埙的研制者商讨、交流，基本上弄清了中华人民共和国成立以来埙的改良、发展状况，筛选出了代表性较强、性能较优越的几个品种，如天津陈重先生的九孔埙，天津陆金山先生的十二孔埙、鸳鸯埙，西安高明先生的卵形埙，宁夏冯会耘先生的牛头埙，台湾庄本立先生的十六孔埙，等等。在此基础上，王其书进行剖析研究，寻求规律，突破了自古以来单腔体的构造。

埙发展的重要突破是从单腔体到双腔体，而埙发展的主线是音

图 1

孔数量的逐渐递增。其形制在商代基本确定："平底卵形，圆下锐上。"《乐书》说："埙之为器，立秋之音也。平底六孔，水之数也。中虚上锐，火之形也。"目前已出土的年代最早的一枚埙是浙江河姆渡遗址陶埙（图 1）。该埙只有吹孔，没有音孔，距今大约七千年。

1957 年陕西临潼区的姜寨遗址出土的两枚陶哨（埙），一枚只有吹孔，另一枚有一个吹孔和一个音孔(图 2)。根据碳十四断代法测定，它们距今大约六千七百年。这两枚埙现由半坡博物馆保存。

当时的发掘报告是这样描述的：

音乐、舞蹈是当时人们精神生活的一个重要组成部分，但这方面保存下来的物质遗存极少，我们只发现了两个陶制的口哨（或称作陶埙）。它

图 2

们保存完整，形状大小相同，全用细泥捏作而成，表面光滑但不平整。形如橄榄，两端尖而长，中经略作圆形，上下贯穿一孔。全长

5.8 厘米，中径 2.8 厘米，孔径 0.5 厘米。其中一枚只一端有孔，吹起来吱吱有声。

山西万荣县荆村遗址出土的新石器时代的埙（图 3）已有两个音孔，甘肃玉门火烧沟文化遗址出土的奴隶社会早期的埙出现了三音孔（图 4），河南二里岗早商遗址陶埙（图 5）也出现了三音孔。到了商代晚期，大约公元前一千多年，埙已发展为五音孔，能奏出完整的七声音阶。在河南安阳殷墟遗址中，发掘出五音孔的商代骨埙（图 6）。这种埙用兽骨雕刻而成，前后两面刻饕餮图纹。顶端有一吹孔，正面设三个音孔，背面设两个音孔。六音孔埙在汉代已经十分流行，一直沿用至晚清，如清代宫廷云龙埙（图 7）。

图 3

图 4

图 5

图 6

图 7

通过对出土的古埙的考证可知，大约在四五千年以前，埙由一个音孔发展至两个音孔，能吹出三个音。进入奴隶社会以后，埙的形制进一步演变。甘肃玉门火烧沟出土的父系氏族社会晚期至奴隶社会初期的埙，已经有了三个音孔，能吹出四个音。到公元前一千多年的晚商时期，埙发展成为五个音孔，能吹出六个音。再到公元前七百多年的春秋时期，埙已有六个音孔，能吹出完整的五声音阶和七声音阶了。埙从一个音孔发展到六个音孔，经历了三四千年的漫长岁月。单从数字上看，似乎每增加一个音孔，就需要几百年的时光，不禁让人感慨：埙的发展真是一路艰辛！

另外，从外观看，埙由圆形、椭圆形逐渐发展为平底卵形，便于放置；腔体开始出现两种样式——扁腹形和圆腹形，后因圆腹的气容量大，发音厚实饱满，便一直沿袭了下来。

二、现代形制

埙的制作由于缺乏行业统一标准，目前呈现出五花八门、各自为政的局面。本书立足于专业演奏的严肃性，与制埙专家、演奏家共同探讨，确定了专业树脂埙的形制与名称：

1. 八孔埙（图 8）

正面   背面

图 8

2. 九孔埙（图 9）

正面   背面

图 9

3. 京式十孔埙（图 10）

正面

背面

图 10

4. 川式十孔埙（图 11）

正面

侧面

背面

图 11

5. 五声音阶八孔埙（图 12）

正面   背面

图 12

    以上标准是针对目前埙的形制的纷乱现状，将树脂埙的常用形制做一梳理，如果未来能够进一步统一，则再做讨论。

三、指法排列

（一）八孔埙

以胴音（又称筒音）作 $\underset{.}{5}$ 为基本指法排列，音域在 $\underset{.}{5}$ 至 6，顺次开指各音名为 $\underset{.}{5}\underset{.}{6}\underset{.}{7}123456$。（图 13）

八孔埙胴音作 $\underset{.}{5}$ 指法示意图

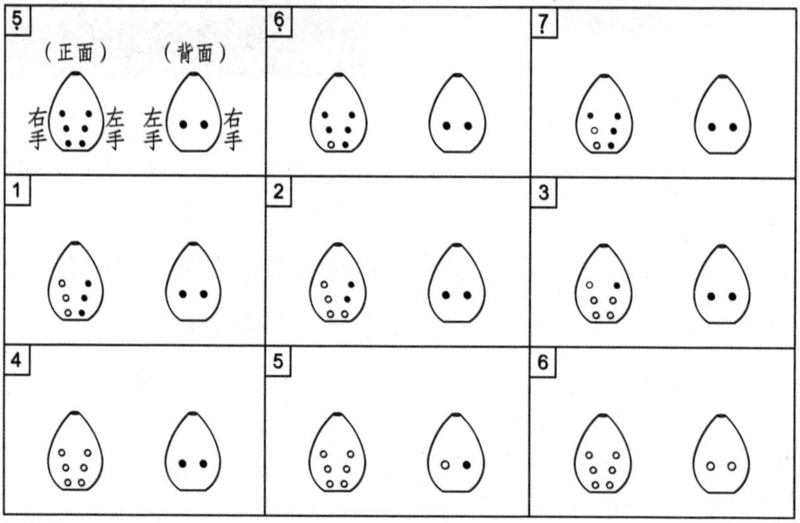

图 13

（二）九孔埙

以胴音作 1 为基本指法排列，音域在 1 至 $\dot{3}$，顺次开指各音名为 1234567 $\dot{1}\dot{2}\dot{3}$。（图 14）

九孔埙胴音作 **1** 指法示意图

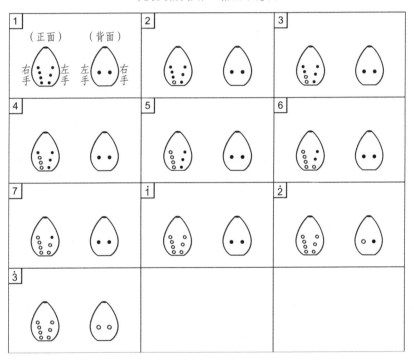

图 14

（三）京式十孔埙

以筒音作 $\underset{\cdot}{5}$ 为基本指法排列，音域 $\underset{\cdot}{5}$ 至 $\overset{\cdot}{2}$，顺次开指各音名为 $\underset{\cdot}{5}\underset{\cdot}{6}\underset{\cdot}{7}1234567\overset{\cdot}{1}\overset{\cdot}{2}$。（图 15）

京式十孔埙筒音作 $\underset{\cdot}{5}$ 指法示意图

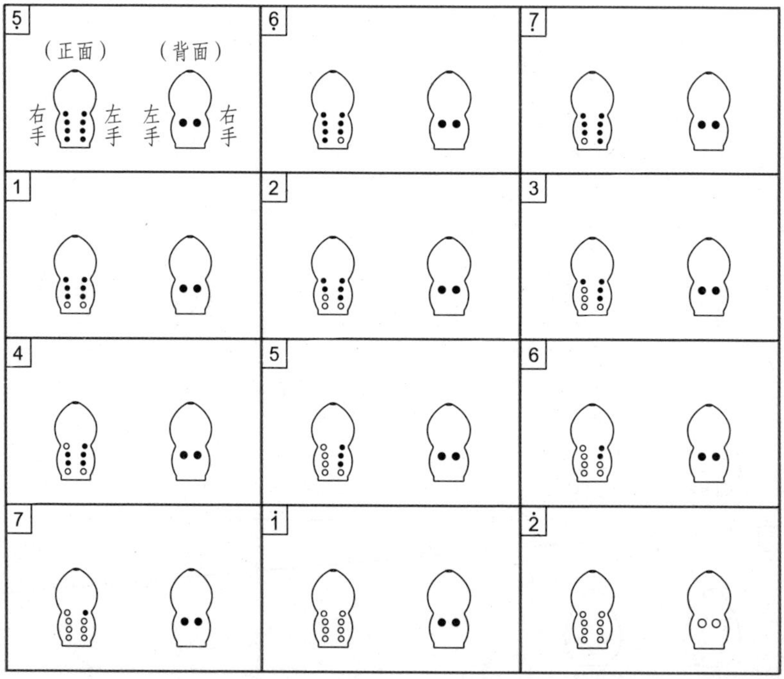

图 15

（四）川式十孔埙

以胴音作 1 为基本指法排列，音域 1 至 $\overset{\cdots}{1}$。（图 16-1、图 16-2、图 16-3）

双八度十孔埙（C 调）基本指法图

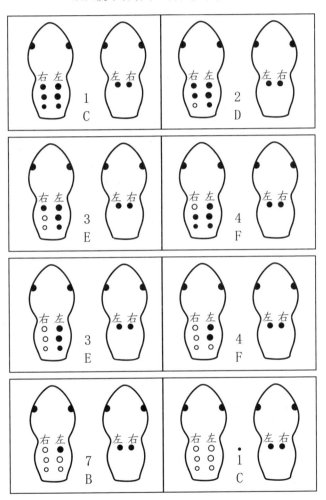

图 16-1

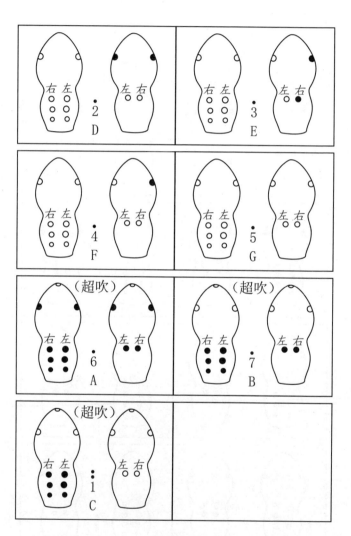

图 16-2

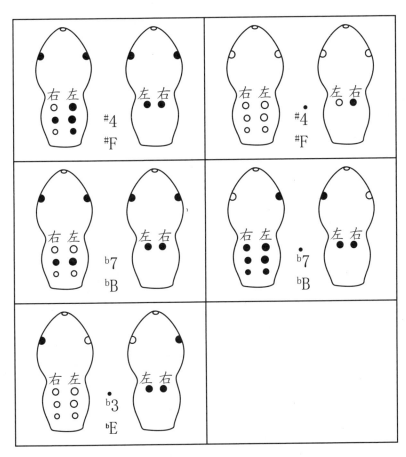

图 16-3

（五）五声音阶八孔埙

以胴音作 $\underset{\cdot}{5}$ 为基本指法排列，音域 $\underset{\cdot}{5}$ 至 $\dot{1}$。（图 17、图 18）

八孔宽音域埙全胴音 **5** 指法图

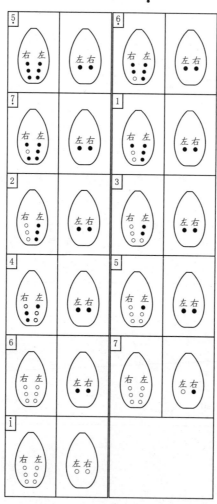

图 17

八孔宽音域埙全胴音 **1** 指法图

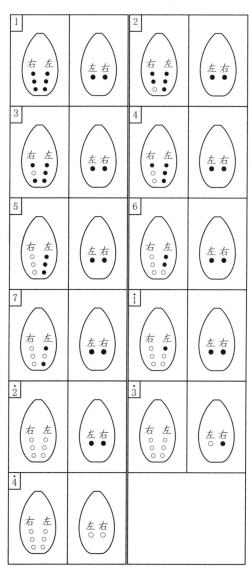

图 18

四、种类划分

埙的材质和形状，虽经历了一个漫长的发展演变过程，但至今都没有形成一个统一的制作标准。各地制埙者就地取材，以自己比较熟悉的材料探索着制埙的方法，他们按照自己的想法对古埙做了改良，增加了不少新品种。

埙是极具个性的演奏乐器，不同形状和不同材质的埙，其音色各有特点。

（一）按形状分

从埙的形状来划分，除了传统的平底卵形埙外，还有梨形埙、葫芦埙、玉兰埙、鸳鸯埙、子母埙、牛头埙、笔筒埙等。

1. **平底卵形埙**：该形制的埙，在几千年的历史发展中，最为常见和普及。

2. **梨形埙**：因外形像梨而得名，一般为单腔，八孔、九孔居多，音色浑厚，共鸣性好，俯吹性能好。

3. **葫芦埙**：因埙体加长、外形像葫芦而得名，制作工序较为复杂。葫芦埙腰身处最细，通过气息的缓急使得两个腔体的气团振动发生不同变化，从而扩展了埙的高音区音域，音色较为柔和。

4. **玉兰埙**：因外形像含苞待放的玉兰花而得名。埙体高度较梨形埙更高，降低了高音吹奏的难度，音色柔美。

5. **鸳鸯埙**：是两个调式不同、方向相反，但底座相连的连体埙。埙的两端各有一个吹孔，可根据演奏需要随意转换，随着埙的制作技术的发展，现已很少有人使用。

6. **子母埙**：是两个大小不同、方向一致、左右相连的连体埙。大埙与小埙一般是纯五度的音程关系，可根据演奏需要随意组合。

7. **牛头埙**：宁夏回族的民间乐器，俗称"哇呜"或"泥箫"，后改进的十孔埙，腔体内有隔音板。

8.**笔筒埙**：内部仿葫芦埙做成双腔结构，埙体下半部分笔直如笔筒，上半部分较尖。高音吹奏轻松，但俯吹性能较低。

此外，还有鱼形埙、扁埙等。

（二）按烧制温度分

从烧制温度来划分，可将陶土类埙划分为下列三种：

1. **低温埙**：常见的有西安的黑陶渗碳埙。其烧制温度不高，有良好的吸水性，但不宜水洗。

2. **中温埙**：中温陶埙一般多用红陶土制作，烧制温度为750摄氏度至950摄氏度（根据泥料的不同，温度各异）。其硬度适中，可以水洗，且具有良好的吸水性。在低温环境下，长时间吹奏不会积水，发音稳定。

3. **高温埙**：烧制温度相较中温埙更高，埙体结实坚硬，音色致密、脆亮，通透感低，内腔完全不吸水。在低温环境中演奏容易积水，且影响发音。

（三）按材质分

从埙的制作材料来划分，埙可分为下列五种：

1. **红、黄陶埙**：埙的材质中最常见的一种，埙体采用红陶泥或黄陶泥制作而成，通常采用中温烧制，具有较好的吸水性，外观粗犷，音色沧桑。

2. **紫砂埙**：紫砂泥是陶土的一种，素有"五色土""富贵土"之称，可塑性强。用紫砂泥制作成的埙通常烧制温度较高，外观细腻、音色致密，但内腔不吸水。

3. **半瓷埙**：半瓷埙表面可施釉，方便清洁。其兼具中温陶埙的特点，硬度适中，可以水洗，吸水性良好，低温下长时间吹奏不积水，发音稳定。

4. **瓷埙**：用瓷泥制作，高温烧制而成。它的性能和高温陶埙类似，一般表面施釉，可用釉创作出精美的外观，但内腔完全不吸水。在低温环境中演奏容易积水，且影响发音。

5. **其他**：木埙、竹埙、树脂埙、树脂混合陶土埙等。

第三章

制埙工艺

第三章　制埙工艺

　　埙的材质，经由原始的石质、骨质发展为陶质，后来还渐渐出现了树脂、木质、竹质等。

　　陶土工艺制埙至今已有几千年的历史，属于传统工艺。

陶埙

　　20世纪80年代末90年代初，树脂工艺开始出现，之后逐步发展且日趋成熟。

树脂埙

　　木工艺制埙由于木材材质容易出现开裂现象，目前只有极少部分人在使用该工艺制埙。

　　竹工艺制埙，用毛竹制作埙，并使之具有类似陶埙音色。竹埙，作为一种新型乐器，通常灵敏度较高。

竹埙

一、陶土工艺制埙

陶埙的制作，经过选土、练泥、揉泥、成型、修坯和压光、打孔和调音、烧制、精调音、外观处理等工序后方可成器，每一个步骤都至关重要。

（一）选土

制埙的黏土要纯，不带沙石杂质。一般选用黏性强的黄土、红土或黑土。在和泥之前加入一定比例的沙土，既要保证泥土有黏性，又不能使做出来的埙走形。

对于杂质较多的土，可过滤制成"澄浆泥"后使用。黏土呈颗粒状，多埋藏在较深的地层。滨海地区的黏土是制造陶埙的理想原料，因其含盐、碱、硝较多，黏性大而杂质少。另外，黄土高原深土层的黏土和滨海地区的黏土品质相似，也十分适合做埙。不同地区的地理气候特征不同，泥土中的矿物成分也不一样。土质的选择与土胎的配制方法对制埙有很大的影响。

（二）练泥

将用于制埙的泥土浸泡至水缸中搅拌成泥浆后，再用细筛过滤若干遍，去除泥浆中的石块、枯枝等杂质。待泥浆沉淀，撇去上层的清水，将泥料用塑料袋密封，放置阴凉处备用。也可采用练泥机真空练泥，这样省时、省力、省工，可以极大提高生产效率。经过真空练泥机挤压，空气排除更彻底，泥料组织更均匀，可塑性和致密度也更好，既便于成型也提高了坯件的干燥强度和机械强度。

浸泡陶土

搅拌泥浆

静置泥浆

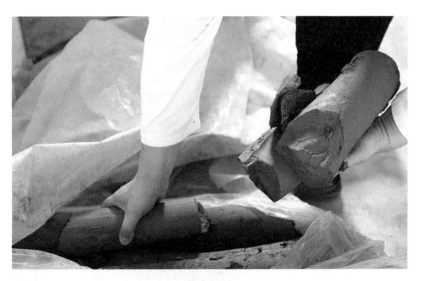

储存泥料

练泥机（练泥）

（三）揉泥

取出适量泥料，在石膏板上反复揉捏，挤出泥中气泡，直到泥不粘手、软硬适中方可用来制坯。

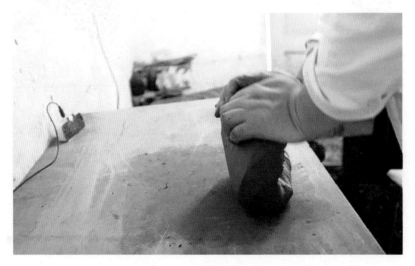

揉泥

揉捏完毕的泥料

（四）成型

陶埙成型方式多种多样，常见的有拉坯成型、灌浆成型、靠模成型、旋坯成型和手工捏制成型等。埙坯的壁厚以 0.5 厘米至 1 厘米为宜。埙坯壁过厚则不但声音闷，且分量重、体积大；过薄则声音细脆，如吹沙壶声，有失古韵。

埙的拉坯制作

1. 拉坯成型

　　将泥料捏成窝头的形状，在拉坯机上居中定位。启动拉坯机，双手蘸水不断挤压泥料，直至其中的气泡消失。先将泥料拉成杯状，再根据埙的具体造型拉出共鸣腔，在最上方收口。待坯体略干，用钢丝线或者铲子将埙坯从拉坯机上取下，轻放至木板或石膏板上阴干。

埙的拉坯塑型

将埙坯从拉坯机上取下

拉坯成型的优点在于：此法制埙使埙的外观相对规整，且可根据制埙家和演奏者的要求对埙的形状、壁厚等进行调整；内腔平滑，音色相对统一；不依赖模具，每一件作品都有独特的个性，具有不可复制性和收藏价值。不足之处在于：此法只能制作轴对称形状的埙，无法制作非轴对称形状的埙；同时，十分依赖制作者的陶艺技术。多埙制作时，无法做到内腔的精准统一。

2. 灌浆成型

提前准备好埙的石膏灌浆模具，将分为两半的模具合拢，用皮筋勒紧模具进行加固。将泥浆从模具上的开口处缓缓倒入，利用石膏的吸水性形成埙壁，待泥浆逐渐挂在模具壁上，再把未凝固的泥浆倒出模具，模具内即是埙坯。

准备灌浆的泥浆

将泥浆灌至模具之中

灌浆脱模

脱模成型

灌浆成型法的优点在于：埙的内腔、外部都很规整，稍加修整就能保证外观统一，便于量产。不足之处在于：埙壁的厚度取决于泥浆在模具内静置时间、模具吸水性、泥浆含水量等多个因素，故在量产的情况下无法做到内腔的精准统一，个体差异依然存在；同时，受限于模具的数量、类型和制作周期等因素，调整造型相对困难。

3. 靠模成型

提前准备好分成两半的制埙模具，在模具内刷上润滑剂，将泥料压在模具内使其形态稳定，再用工具挖出内腔或是用内模压出内腔，取下泥坯，用脂泥黏合，刮平黏合线阴干即可。

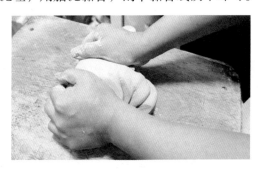

准备靠模泥料

靠模模具

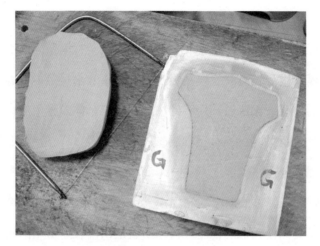

填入泥料，挖出内腔

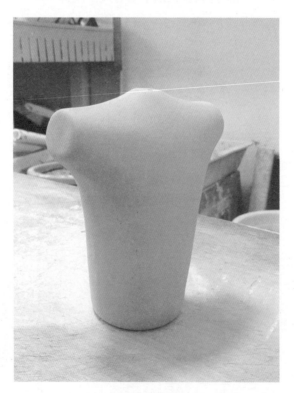

两半合模

靠模成型法的优点在于：埙外观统一性好，生产速度快，适合量产，方便制作非轴对称形状的埙。不足之处在于：埙的品质十分依赖模具，需要不断尝试、更新才能制作出较为优良的模具，研发时间相对较长。

4. 旋坯成型

使用专用旋坯机床，其特点是刀头可上下（垂直）、左右（横向）运动。制作前，首先按埙的外形制作可拆分的上下两套石膏模具，并按埙的内形制作刀片。制作时，将模具置于机床上相应位置，填入泥料压实。启动机床使模具旋转，同时从上至下垂直进刀，旋出多余泥料。当刀片到达底部时，再横向移动，挤压坯体，继续压出多余泥料至坯体达到设计厚度为止。上下坯体制作完成后，进行合拢黏结，然后分拆模具取出埙坯，完成坯体制作。

此制作方法适合标准化生产，埙外壁、内腔及造型各类尺寸数据，可按最佳设计方案达到统一，提高生产效率。

旋坯机床

制作埙的内腔

内腔制作成型

5. 手工捏制成型

手工捏制法，该法是最原始的制埙方法，不依赖工具，直接用手捏制成型。先反复拍打泥料"上劲"，把泥料捏成圆锥体，再用捏窝头的方式捏出埙体，最终封底。捏制手法多种多样，可从埙底捏至埙吹口处，也可从埙吹口处捏至埙底。

盘泥条法也属手工制埙法，是古老的制埙法之一。其需把泥条转圈盘起，直到做成埙形，用刮片刮平内腔，最后收口。用盘泥条法制埙操作简单，所需工具不多，甚至徒手也可以完成。

准备泥料

手工捏制埙体

埙壁修整

手工捏制埙的优点在于：每一枚埙都个性鲜明、不可复制，音色上往往会有惊喜。不足之处在于：埙的品质不稳定，对制作者的手法和乐理知识要求比较高，会出现外观不统一、量产不便等问题。

（五）修坯、压光

阴至半干的埙坯需要进行修坯处理，可在拉坯机上用修坯刀修出平整外观，也可纯手工修坯。如遇到埙壁过厚的情况，可通过修坯来控制埙壁的薄厚。一些追求个性的异形埙可不必修坯，直接做出纹理，塑出个性外形。

拉坯机修坯

修坯完成后进行压光，可用明针、牛皮压光片、软塑料片等轻刮埙体，使埙坯表面光滑。

埙坯的压光处理

核桃纹埙坯表面

（六）打孔、调音

待埙坯阴干至一定硬度后，可进行调音工作。先用麻花钻钻出吹口，再用陶艺刀、砂纸等工具细修，初步定调；再根据指法和音程关系，用粗细不一的麻花钻依次钻出指孔，指孔大小根据具体音高来定。考虑到坯体未干和烧制时的收缩比，本阶段的调音要比标准音偏低一些，留有足够的精调余地。开孔的关键因素有两点需要注意：其一，在泥坯七八成干时最好，不能在太软或太干时开孔；其二，开孔的位置，以手指按放舒适程度而定。

根据手形定指孔位置

埙坯打孔

钻孔完成

埙坯调音

（七）烧制

埙坯全干后须进行烧制，可用电窑烧制，也可用柴窑或者液化气窑等进行烧制。烧制时要充分考虑所用泥料本身的温度耐受程度。适宜的烧制温度可使埙音色优美、演奏性能好。烧制温度过低则泥坯尚未成陶，埙不能遇水，不易保存；烧制温度过高则埙内壁不吸水，音色较闷，缺乏通透性和共振性。电窑烧制需要设置升温曲线，成品率较高；采用柴窑等传统方式烧制需要制作者具备精湛的技术和丰富的经验。传统烧制方法能使埙产生丰富的、富有艺术性的外观。

1. 陶埙烧制前的注意事项：

（1）埙在制作过程中（尤其是钻孔时），常会有一些泥渣残留在内腔里，烧制前需将它们由吹孔倒出。

（2）埙的底部要求平整，否则埙就会摆放不稳。在埙没有烧制之前，可用刀将埙底面刮平，也可用细砂纸将埙底面打磨平整。

（3）如果需加印制作者印章，一定要在埙坯七八成干的时候进行。印痕不可过深（以0.1厘米至0.2厘米为宜），以免毁伤埙底。

（4）埙坯在完全干燥后或者烧制完成后都会使埙体有不同程度的收缩变形，所以埙的调音要留有余地。一次性调得过于精准会导致埙在完全干燥后或者烧制完成后音准出现偏差，故需要采用"多次微调"的方式，在泥坯打孔之后、埙坯干燥之后、烧制完成之后等进行多次调音。对于偏低的音孔，可以用加大孔径的办法使之提高。操作时，用锥形细锉将音孔开大一些，即时吹奏，用调音器参照调整。如果胴音调式不准，则需要调整埙吹口内壁。

2. 火窑烧制过程中应注意的事项：

（1）埙坯要求绝对干燥，否则接触火焰后会爆裂。

（2）入炉前，要将埙坯放置在炉台上进行预热；待热到炙手的程度，用"火盖"把炉火封闭起来，并将埙坯移至"火盖"上面，继续加热；同时在炉内留出空膛来，准备将更为炙热的埙坯移入炉中煅烧。

（3）入炉时，要注意使炉火适当降温，以防埙坯爆裂。埙坯入炉后，要加盖"火盖"，并关闭炉门；半小时以后，打开炉门，揭开"火盖"，使温度升高；约一小时后，再加盖"火盖"降温；最后，打开炉盖把埙坯翻转过来，继续煅烧，待埙坯通红透明，便算是煅烧成功了。

（4）为了防止因温度骤降使埙体爆裂，从炉中取出埙时亦不可操之过急。埙烧成后，应先用封闭炉门、加盖"火盖"的办法降低炉内温度；经过一段时间之后，再把埙从炉膛内取出并置于小眼"火盖"之上；再经过一段时间，方可彻底出炉，于常温下慢慢冷却。

电窑烧制

电窑烧制的形态各异的埙

（八）精调音

烧制完成的埙需要进行进一步打磨、抛光、调音，因泥料烧制时存在收缩比，烧制完成的埙的音准较泥坯时会有一定程度的误差，此时需要结合试奏，进行再次调音，使埙的音准进一步提高。

埙的精调音工具

埙的精调音

（九）外观处理

精调完毕的埙可进行外观处理，可通过熏烧的方式，给埙的表面熏上水墨般的色泽；可直接抛光、打蜡，保持原汁原味的朴素外观；也可用天然大漆工艺给埙披上美丽的外衣。目前已经有人将犀皮大漆工艺成功应用在制埙领域。犀皮漆，又称犀毗、波罗漆，是一种广受欢迎的漆艺。犀皮漆是由黄、赤、黑三色构成的，其纹理似犀牛皮、虎皮，是中国古代漆器制作中的一种装饰工艺。犀皮埙表面光滑，花纹由不同颜色的漆层构成，匀称而富有变化，有天然流动之感，色泽鲜艳，非常美观。

埙的外观处理方式很多，在此不一一列举。

利用熏烧工艺处理的埙

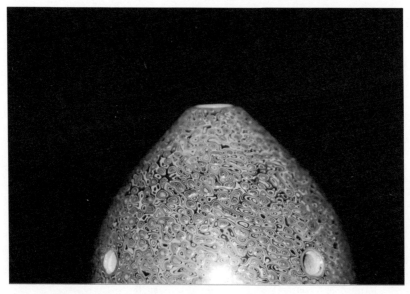

用犀皮大漆工艺制作的埙

原汁原味的素烧埙

二、树脂工艺制埙

树脂埙是用树脂、细沙、滑石粉等材料，调成一定比例制作而成的。这种工艺由制埙名家张荣华开创。用这种材质制出的埙符合传统美学和现代音律学特征，兼有较强的抗摔性、抗震性，不易损坏。只要有了标准化和规范化的生产，就可以制作出所有调式的埙，形成系列。

（一）配沙调泥

将滑石粉、树脂和过滤后的干净细沙按照一定比例混合，作为制埙的原材料。（图1）

图 1

　　细沙的选用尤为重要。尽可能选用来源于淡水湖的均匀细沙，沙子里边不能有大颗粒，所以要对采集来的细沙进行一道水洗的工序，待细沙干透后，再用细罗布进行过滤，要达到接近面粉的细腻程度。如果沙子不够细腻，将导致制作的埙体内部组织结构不够细密、不够均匀，可能产生气泡和瑕疵，影响吹奏效果。

　　（二）制作内胎

　　制埙的第一步是做内胎。内胎是用来给埙的内壳做模具的，内胎一般用树脂直接做成，不掺杂其他物料。

　　把内胎底制成平底，胎体接近于椭圆形，类似于埙体的形状。（内胎的体积根据要做的埙的大小来确定）

　　从内胎的中间纵轴处，用一根长于内胎的钢钎从上至下穿过，两头要露出十几厘米。（图2）这根钢钎主要是用来确定整个埙的中轴线，以便下一步切开时保持其对称。

图 2

（三）制作埙的内壳

在内胎的表面均匀地涂抹凡士林，利用凡士林的润滑性，便于制壳成型后取出内胎。用刮板把树脂土快速均匀地刮在内胎上。（图3）待树脂土凝固成型时，用刀子在其中间位置沿水平线割一圈，将其分成上下两半，做好印记，并标上调。（图4）待树脂土完全干燥后，把分割成上下两半的壳从内胎上取下来。将两半壳对接，形成一个完整的埙内壳。（图5）

图 3

图 4

图 5

注：不可让内壳在内胎上附着时间太久，否则树脂土会把内胎上的凡士林吸收掉，导致难以取下。

（四）压模成埙

把制好的埙内壳，用一根与制作内胎时一样的钢钎，从内壳的上下两孔穿过。在模具里均匀地涂抹凡士林，不能有遗漏的地方。在模具外面适当地刷油。然后按比例配制更多的树脂土，配制量要超过之前制作内壳时的使用量。将树脂土注入半块模具中，大约超过二分之一时，再将带钢钎的内壳放置其中，快速将两半模具对压，并持续用力，尽可能挤出模具内多余的树脂土，然后用刮板刮干净，待其干燥。（图6、图7）

图6

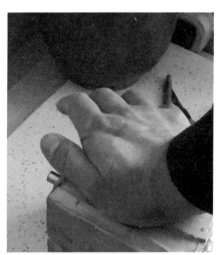

图7

待树脂土干燥到八成左右时，用刀子将两半模具撬开，取出埙体，并将埙体表面多余的树脂土刮干净。（图8）至此埙体初步制作完成。

图 8

（五）初次打磨

　　将带钢钎的埙体固定在台钻上，开机。两手各持一张 150 目的水砂纸，轻握住埙，随着旋转进行打磨，打磨至埙体表面基本平滑（注意不要过度打磨以致埙体变形）。（图 9）

图 9

（六）埙坯成型

固定埙体，用力将钢钎拔出。这时埙底有一个圆孔，用刀子沿孔壁挖一圈，再用树脂土将孔堵上，静置于平面，等待完全干燥。这时候，一个完整的埙坯便成型了。（图10）

图10

（七）打孔

上好钻头，在埙孔位上依次开孔。（图11）

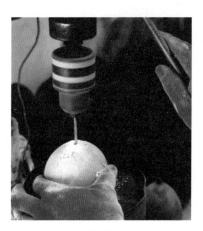

图11

（八）调音

这是制埙最关键的一步。先利用调音器定胴音，再根据胴音定其他的音，因此胴音的调整是最关键的环节，这个环节一旦出问题，后面的音就都不准确了。（图 12）

要掌握好吹奏的力度。气太强，会造成胴音低，胴音低，埙整体音就低；反之，气太弱，埙的胴音高，整体音就高。所以，气的强弱要适中。胴音定好后，从右手第一孔开始依次调音，直至最后一个音。调胴音外的其他音，气息以及力度要随着音调的升高适当调整。至此，一个演奏埙就制作完成了。

图 12

（九）后期外观制作

1. 水磨

树脂埙的外观制作非常讲究，工序十分繁多，制作者需具有足够的耐心。此过程要经过至少两遍底漆涂刷，三次水磨。每一次水磨都比前一次更精细。砂纸的选用由150目、240目到360目、600目，磨制到埙在手中的感觉细腻润滑方可。因为是手工制作，每一次打磨前的埙体表面质感都不一样，打磨的次数要根据手感和经验来判断。（图13）

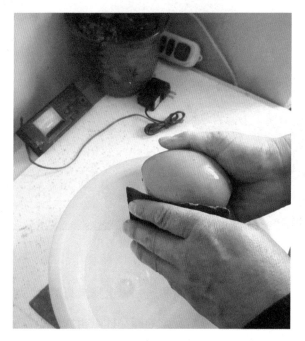

图13

磨制结束后再备清水将埙洗净晾干。每一次水磨之后的再度调音都是必不可少的，埙在不同阶段的反复调音工作，是为了保证成品埙音调的准确性。

2. 上色

埙晾干后，根据需要，喷上不同色漆。刷底漆可以堵住某些眼

睛看不见的小孔。因为吹奏乐器要接触人的口腔，所以要特别注意使用的漆要符合国家相关标准。（图14）

图 14

值得注意的是，色漆要喷两遍，每次喷漆打磨之后都要进行音准调整。第一遍色漆干燥后，拿600目砂纸再次轻轻打磨。打磨完毕后，上第二遍色漆，漆干后再次校正音准。

3. 修饰

埙虽然是吹奏乐器，但也是艺术品，所以必要的美化修饰是不可缺少的一道工序。埙体上漆之后，会在其表面进行各种艺术图案的装扮粘贴。一般是把转印的富有中国传统文化特色的各种图案，如龙凤纹、祥云纹及山水、花鸟等图案，采用特殊工艺贴在埙表面，

用力划压，直至图案完全贴于其上。（图15）这样，一个光鲜亮丽的埙面就做成了。（图16）

图15

图16

4. 最后一道防护漆

图案贴好以后，要在表面涂一层清漆。其作用一是保护图案，二是提升美观度。清漆要上两遍，第一遍清漆干后再次打磨，然后二遍上漆。至此，埙的制作全部完成。（图17）

图 17

注：

（1）这种制埙方法，仅限小批量生产。

（2）在后期的外观制作过程中，要不断地进行音准校正，防止因打磨而影响音准，力求音准精确。

（十）树脂埙成品展示（图18）

图18

三、木工艺制埙

木料的选择，以硬度大一些为宜，木料太软则音色欠佳。

（一）选材

选好木料后削去粗糙的外皮。

选材（黄杨木）   初削

（二）车削

上车床固定，车削成型。再加钻掏空，用合适的小木塞堵住底部的孔，制作埙坯。

车削成型   钻孔掏空

（三）制坯

制作埙坯时只车削出上下两半，两半黏合后形成埙坯。

上下黏合成埙坯

（四）定型

最后一步，经开孔、调音、打蜡定型。

最后打磨成埙器

四、竹工艺制埙

竹埙，一般用毛竹制作而成，属新型乐器，为 20 世纪 90 年代江苏农民乐手周寿荣所发明。此乐器上开有膜孔，贴上笛膜与不贴笛膜吹奏，其音色有明显的区分。因而，周寿荣曾将这件乐器命名为"阴阳笛"。后来，有人根据"阴阳笛"的音色特点，建议其更名为"竹埙"。

（一）选材料

通常用毛竹，其直径在 5.5 厘米至 6.5 厘米之间，用火烘烤竹子。

（二）定毛坯

锯下一节两端封闭的竹筒，长度为 46 厘米到 48 厘米。

（三）锯埙头

选择一端做竹埙头，量出头的尺寸，在 4 厘米处画线，用锯子将头锯断。

（四）打磨

用锯子将毛竹从中间纵锯开，切口打磨平整。若竹筒内壁有竹节，要打通并用砂纸打磨平整。

（五）黏合

将打磨好的两部分竹身黏合起来。

（六）黏合头身

把竹埙头夹在车床上用车刀加工规整后，将切口处用砂纸打磨平整，与竹埙身黏合在一起。将不平整的黏合处用刀具削平，打磨平整。刮去竹埙上的竹皮，用砂轮机适度打磨平整。

（七）定吹孔

画线定出吹孔的位置，然后量出竹筒内径大小，据此初步确定出竹埙的调门。用机器打出吹孔的大致形状，再用手工完成吹孔的细致形状。吹孔的直径一般在 1 厘米之内，吹孔内壁的切角稍微向内倾斜。打好后，可试吹一下，能够轻松吹出的声音，即是该竹埙的胴音，这个胴音决定了该竹埙的调性。

（八）定指孔

这是竹埙制作成功的关键，开挖指孔位置，以手持演奏时最舒服为原则。即演奏时，双手拿握竹筒，每个指头都放在最舒适的位置，这时各个指头的按点就是指孔开孔的位置。标记出这些指孔的位置，然后用钻头打孔。打孔的原则：音孔越小，音调越低；音孔越大，音调越高。所以，应该按照音阶的顺序逐一打孔。注意指孔不能一下子打到最大，打孔时必须依次进行试吹调音，并根据音准情况适当调整扩大音孔。待各个音孔基本打好之后，再反复进行整体音阶的试奏，同时修正有偏差的音孔，直到每个音孔达到相应音准，最后将音孔周边打磨光滑。

（九）处理外观

用砂纸打磨埙体，待平整光滑后刷上油漆。再经过抛光处理，在竹埙上刻画图案，最后扎线。

以上是竹埙制作的基本步骤。竹埙，音色似陶埙，比陶埙更容易掌握，但也有自身缺陷，存在改进和完善的空间。上海艺术研究所陈正生老师对此做了相关研究，现简述如下：

竹埙有它自身的缺点：仅有的九个音孔按自然音阶开挖，因此原先的竹埙音律不全，不便于转调，这就影响了它在乐队中的使用；倒锥体的管身，使它无法获得较宽的音域（陶埙的音域也同样不宽）；原先所采用的洞箫一样的吹口，无法吹出音程较大的气滑音，因此，它虽然有与陶埙类似的音色，却无法获得陶埙所特有的韵味。但随着箫笛制作经验的成熟，这些不足目前已基本得到克服。下面这些细节能很好地改进和完善竹埙制作：

1. 将毛竹烘透。在竹埙的筒体黏合之前，清除毛竹内壁上的竹衣，并涂上一层清漆，从而充分保证制成的竹埙音色松透、明亮。

2. 原先设计的竹埙，管身与头子是错接的，因此衔接之处的错位给发声造成不良影响。如今改成平接，不仅有利于发声，同时也为竹埙制作工艺上的美化带来了方便。

3. 将吹口开挖得浅而宽，以利于吹奏时能随意控制管端校正量，以利于控制音高，并能吹奏音程比较宽的气滑音。如此改动的竹埙吹口，气滑音的幅度可以达到三度。

4. 合理调整音孔的位置。这是竹埙制作的关键。竹埙的音孔是按照自然音阶开挖的，因此音律不全，给转调带来了极大的困难，从而影响了它在乐队中的应用。开孔的原则是：两个音孔之间的音程为大二度的，要能方便地改变成小二度。这样，从理论上说，七个音孔也就能方便地奏全十二律，为转调提供方便。

将相邻二孔之间的音程由大二度改变成小二度，这在箫笛上除了按半孔之外是难有办法的。但是竹埙那上粗下细的倒圆锥形筒体，为方便地使用交叉指法（即民间所说的"叉口"）来改变音程创造了条件。再就按半孔指法与交叉指法的比较而言，按半孔指法所奏出的音高具有游移性，而交叉指法所奏出的音高则具有相当的稳定性。此外，交叉指法所奏出的音，其音色也比按半孔指法所奏出的音明亮。

5. 底孔若能增一键，竹埙还可以向下增宽纯四度。

就竹埙的制作而言，经验是十分重要的。因为在竹埙制作过程中，在竹片拼合之前是无法吹奏成声的，吹不出声音也就无法知道它筒音的音高，以及同超吹音的音程关系。这是竹埙制作中的最大难点。

第四章

埙的调音

第四章　埙的调音

埙如果没有音准，它就没有灵魂。所以无论用什么材质做埙，准确地调音都是必不可少的关键环节。

一、埙的发声原理

埙属边棱音发声的乐器。当口中呼出的气流冲击埙吹孔的边棱时，气流被边棱分为两股，进而形成上下两列分离的涡旋，涡旋之间出现了空吸现象。因为存在吹孔涡旋气流的运动，涡旋之间压强低于大气压。在大气压的作用下，两列涡旋相互碰撞，从而激发腔体内空气振动发声。边棱音的高低取决于气流与边棱形成的角度大小（入射角）和气流速度快慢。入射角偏大或气流速度快可使边棱处气流涡旋碰撞次数增多，气流振动频率增大，故发音偏高；气的流量加大，施加在振动气流上的能量加大，使气流振动的振幅加大，声音变强。

双腔葫芦埙虽属边棱音发声乐器，但其结构和单腔体传统埙有所不同，它是复合振动双腔体结构，由上下两个卵形的振动腔体组成，中间有一个蜂腰孔将两个腔体连接起来。缓吹时，它是一个整体，以单腔振动方式发音（上下两腔作为一个腔体振动发音），和传统埙相同；急吹时，上下腔体分离，只是上腔体振动发音，下腔体成为共鸣腔，利用蜂腰孔使埙产生了超吹音并扩展了音域。

因此，传统埙和双腔葫芦埙的发音方式既有相同之处也有相异之处：它们的相同点在于都是团状气流振动，都是因空气球振动发音；相异点在于传统埙是单腔体振动发音，而双腔葫芦埙是根据音高的不同而选择平吹或超吹，使上下两个腔体分开或复合振动发音。

二、影响埙的音高的几个因素

胴音是埙最基础也是最重要的一个音，它的高低的确定主要靠内腔大小来决定。内腔越大，胴音越低；内腔越小，胴音越高。

埙音的高低，是根据开孔面积来决定的，开孔总面积越大，音越高，反之则越低。这一点不同于笛箫，笛箫的音高取决于音孔相对吹孔的位置。而埙的音高则与开孔位置无关。这里需要强调的是：决定音高的音孔面积是总面积，并非单个孔径的开孔面积。

吹奏者的气流的角度（即口风）以及吹奏时所用的力度也会影响音高。当口风越接近于水平线时，气流的角度越大，这时音的振动频率增加，音就高。反之，若口风越接近于垂直线，这时音的振动频率减少，音就低。力度或者说强度大则音相对就高，反之则音相对就低。

另外，埙还有它最具特色的俯吹音，俯吹音是所有的音孔全闭，只通过口型变化、气息控制、角度变化来吹出不同的音阶。下唇压孔面积越大，气息越弱，角度越小，俯吹音越低，反之则越高。

由于埙的发音受到如此多的因素影响，在古代测音研究中，埙的测音工作也往往是最复杂和最艰难的。因为不同的吹奏者的力度、演奏习惯、起点都不一样，测出的音也会因人而异，因此我们在参考古代埙的一些测音数据时，同行们也要了解这一特点，不必过于执着于测音数据。

三、埙的调音

张荣华认为，作为乐器，尤其是吹奏类乐器，须具备三个要素，即音准、音色、音量，三者缺一不可，其中尤以音准为重，舍此不能称为乐器。

调音时，要掌握好吹气的力度，气太大会造成胴音低，埙整体音就低；反之，埙的胴音高，整体音就偏高。埙的胴音定好后，从低音第一孔开始依次调音，直至最后一个音。调指孔音的时候，气息以及力度，随着音高的升高进行适当调整，要符合演奏的基本习惯和要求。

吹孔的孔径大小一般在 0.8 厘米至 1 厘米之间，孔形由外而内呈倒锥形，边沿光滑无毛边，吹孔的前沿要"锋利"。吹孔对于埙来说至关重要，其形状和尺寸大小没有统一标准。不同类型的埙，需要根据埙体的特点，对吹孔进行宽窄厚薄深浅等不同程度的调整，且必须要做到精细调校，以达到埙的音准音高音色的和谐统一。

音孔开孔时，要一边吹一边开，预先开合适的小孔，一定要留有后期复调音时扩口的余量。所以，在试音时要注意，越是快要靠近音准时，越是要小心谨慎，要一点点地对音孔做修整，一般将砂纸卷成小筒，微微地旋转着扩孔。一般情况下，调音开孔从最低的音阶开始，借助于调音器调好一个后，再调下一个，依次调完。所有音孔都调好以后，还要将音孔仔细修整平滑。

复调音，是指对出窑后的合格陶埙进行再次调整音准音质，是精调阶段。只有反复地调试音准音色，将每一个音准音色及每一个音孔的灵敏度提高到极限，调音程序才算全面完成。

关于定调的问题，因为埙在制作过程中存在很大的不可控性，在烧制完成后进行调音以前难以确定其音调，所以也需要借助调音器进行定调。

第五章

制埙师及其手作展示

第五章　制埙师及其手作展示

一、王其书

王其书，1938 年生，现居四川成都。埙演奏家，主制陶埙（八孔、九孔、十孔、十一孔），以十一孔双腔葫芦埙为主，此种埙具有超吹功能，十二平均律。

1982 年，随曹正学习手工制埙。1988 年，在四川彭州一土陶厂改用拉坯制埙，煤窑烧制。1991 年，成功研制出双腔葫芦埙，同年获国家实用新型专利授权。1992 年，获文化部科技进步二等奖。1993 年，获国家发明奖三等奖。2012 年，对双腔葫芦埙关键技术进行改进，成功研制出新型双腔葫芦埙，并于 2015 年 6 月获国家知识产权局发明专利授权。

双腔葫芦埙

王其书的发明及发明专利证书

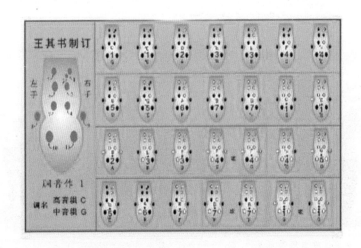

王其书研究制订的双腔葫芦埙指法表（半音阶）

二、黄金成

黄金成，1939 年生，现居广东广州。星海音乐学院教授，埙演奏家，主制陶土埙（九孔）。

1981 年，受埙演奏家、制作家陈重先生启蒙。1982 年，开始研制陶埙，并参与演奏录音工作。用自制陶埙演奏《二泉映月》《苏武牧羊》《枉凝眉》《橄榄树》《昭君怨》《流水行云》《万水千山总是情》《泣长城》《敖包相会》等名曲二十多首。2018 年，受邀参加西安民管会主办的"埙颂中华"音乐会与埙的研讨活动。

黄金成与著名埙演奏家
刘宽忍先生

黄金成参加埙研讨活动

三、王胜祥

王胜祥,男,1945年生,
现居陕西西安。主制陶土
埙(八孔、九孔、十孔)。

2003年开始研制陶埙。
手工拉坯的形制有水滴形、
梨形、葫芦形、饼形、橄榄形、子弹头形等,合模制作的有牛头形、
鱼形等。最后在选择埙的各项指标(音色、音质、灵敏度、手把舒适度、
制作难度等)中,在形制不变、指法不变的基础上,研究开发出目
前的六个大类、十余个系列的陶埙和几个系列的树脂埙。

子弹头形埙

四、张荣华

张荣华，笛、箫、埙之制作
名家、演奏家，中国非物质文化
遗产保护协会埙专业委员会副会
长，非物质文化遗产"埙艺术"
传承人，"荣华埙"创始人。他
对埙的传承与发展做出了突出
贡献。

1993 年，张荣华创造性地
研发了制埙新工艺，完成了从陶
土埙到树脂埙的工艺上的革新，
解决了长期以来"埙音难准、高音难吹响"的两大难题，准确制作出可
按十二平均律定调的高、中、低三个八度、三十六调埙。他还规范律制，
考究工艺，并不断加以完善，按不同调，对每枚埙的大小、形制和外观
制定了严格的标准，完成了埙的标准化认证，首次使埙成套、系列化并
成为规范、成熟的乐器，填补了埙历史上"无定制、无标准"的空白。

1999 年，他对中国传统乐器埙、笛、箫等进行研制与开发：创造了
倍低音埙，双音陶笛，合成材料新管笛、箫，恢复了古代乐器篪等。

2001 年，张荣华研制出单体复室卵形埙，开发出了音域可达两个八度、
音色更美的十孔埙，大大增强了埙的表现力，并获得国家发明专利。同年，
成功建立了全国首家专业埙的网站"埙之韵"，使用现代科技与传媒普

及和传播埙文化。

张荣华制埙三十余年，在埙的制作领域研究不辍，硕果累累。他创立的"荣华埙"成为很多专业演奏家的首选乐器。张荣华还推动创建了埙乐团这一新的音乐艺术表演形式，为京剧角色量身打造各调式埙，探索出埙与京剧的跨界融合表演新模式。

除此之外，张荣华还致力于民族器乐教育。他曾在北京市少年宫任教十多年，教授笛子及埙演奏，在音乐教学方面，积累了丰富的教学经验。他注重个性化的指导，因材施教，其所教授的学生年龄跨度大，从5岁至60岁都有。其中很多学生曾获得北京乃至全国比赛的金奖、银奖，他深受学生及家长的爱戴。

中央音乐学院第二届中国管乐周活动使用"荣华埙"演奏

　　2008年，为北京奥运会制作"福娃埙"一套。奥运福娃形象大使冯晓泉、曾格格在众多场合使用福娃埙演奏，使中国埙乐在世界范围广为传播

荣华埙系列

2013年12月，张荣华携"荣华埙"参加湖北卫视《我爱我的祖国》节目，为观众解说埙，并现场演奏埙曲

2016年，张荣华在中央音乐学院演出

小套哨口埙

调音

荣华哨口埙

荣华埙

五、张友刚

张友刚，1952年出生于沈阳。笛、箫、埙演奏家、制作家。1977年考入中央音乐学院竹笛专业，师从蒋志超、增永清、简广易先生。1982年毕业于中国
音乐学院，分配到北京歌舞团工作直至退休。现任中国民族管弦乐学会竹笛专业委员会理事。

20世纪80年代，他开始对传统乐器埙进行研究、制作改良并演奏，发明"砂囊制埙法"，并用传统的注浆法与拉胚法制作出精美的专业演奏埙，同时在埙的演奏上刻苦努力，不断地把这一古老乐器的魅力展现在舞台上。

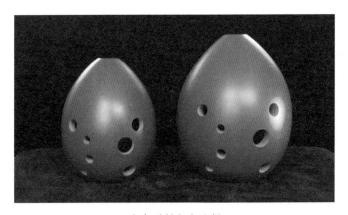

张友刚制九音孔埙

1994年，由张鹰作曲改编、张友刚演奏的埙曲专辑发行，专辑曲目有《小篷船》《妆台秋思》《福海观荷》《小白菜》《四季歌》《月儿弯弯照九州》《孟姜女》《长相思》《梅花三弄》。专辑一经问世，传播甚广，受到广大埙友的一致好评。

六、李蕴林

李蕴林，字妙音。1954年生，现居宁夏中卫。1993年开始制埙，主制陶土埙。研究埙文化二十余年，一直从事埙文化传播及埙制作授业传艺。

在李蕴林制作的众多埙里，将西夏瓷剔刻花元素与埙结合，既传播了地方传统文化，又传播了埙文化，可谓一举两得

七、李瑞明

李瑞明，1954年生，现居辽宁朝阳。主制陶土埙（九孔、十孔）。

退休前是辽宁省朝阳市群众艺术馆研究员。最早从贾平凹的小说里知道了埙，在朝阳市博物馆里见到出土的商代埙的实物，于是从1999年开始研究做埙，做出了九孔埙、十孔埙和各种不同形状的埙。朝阳电视台对他做过三次专访。他做的埙在朝阳市民间艺术馆里展示。发表过埙乐相关文章《埙缘》《中华神韵远古遗音》《埙之赋》等。

李瑞明研制的埙

八、聂荣

聂荣，1962年生，现居湖北随州。主制石埙。

2006年开始研究制作石埙。2008年为梅帅元、谭盾、释永信、易中天、黄豆豆等名家联袂打造"禅宗少林·音乐大典"大型山地实景演出制作石埙四枚。

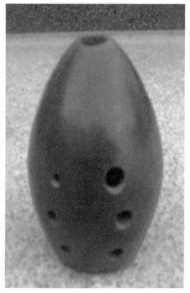

石埙

九、于连军

于连军，1968年生，现居河北保定。主制陶土埙（九孔）。

幼时师从吴明阳学习吹埙。2000年，师从叔祖父及当地陶工学习制埙。2004年，开始推广埙文化。2010年，被保定市政府评定为市级非物质文化遗产项目代表性传承人。2013年，被河北省政府评定为省级非物质文化遗产项目代表性传承人。

于连军在制埙的同时，不忘普及、推广埙文化

十、郎爱坤

郎爱坤，1972 年生于辽宁沈阳，现居山东德州。埙演奏家，从事陶艺、埙文化教学二十五年，主制陶土埙（九孔、十孔）。

2002 年，韩日世界杯足球赛官方礼品制作者；2008 年，北京奥运会国礼"国娃"的

陶土埙

制作者（关玉良设计）；2012 年，天津食品进出口公司纪念版陶瓷酒瓶的制作者，获国家专利（邵宏设计）；2014 年，制作的黑陶蟋蟀斗盆获大世界吉尼斯之最；2015 年，在首届中国黑陶艺术创新设计大赛中获银奖；2017 年，在由杨义指导拍摄的大型纪录片《就是那一只蟋蟀》中展示了蟋蟀斗盆制作的全过程，此片在美国获年度最佳纪录片奖；2019 年，被德州学院音乐系聘为教授，担任陶埙演奏与制作课程艺术指导。

陶土埙

十一、黄生才

黄生才，2015 年开始研制埙、陶笛。在前期研制的基础上于 2017 年与他人共同创办了佰埙乐坊，专业制作南埙并推向市场。南埙为高温瓷埙及紫砂埙，注重音色音准，同

时极为注重外形的美观，适用于演奏和收藏的双重要求。南埙以其高品质赢得各方认可，为海内外社会各界团体、人士所收藏。2018年起，黄生才在广东大埔举办的青少年汉乐年度培训班课程中加入了南埙乐器的培训，和广东汉乐方面的老师们一起培养了一定数量的埙乐青少年人才。

南埙

十二、王小建

王小建，1974年生，现居河南焦作。制埙名家，黄河泥埙坊创始人，主制陶土埙（八孔、九孔、十孔）。

国家一级演奏员，中国民族管弦乐学会竹笛专业委员会理事，中国黄河文化研究中心特邀研究员，非物质文化遗产黄河泥埙代表性传承人，河南省竹笛葫芦丝学会副会长，河南省民族管弦乐学会笛箫埙专业委员会副会长，河南省音乐家协会会员，河南理工大学兼职教授，郑州师范学院客座教授，焦作市音乐家协会常务理事，武陟县政协常委，武陟县音乐家协会主席。

黄河泥埙

黄河泥埙系列推介

黄河泥埙的表演及普及活动

20 世纪 90 年代初，王小建考入沈阳空军某部文工团，担任笛子演奏员，其间师从著名笛子演奏家魏显忠先生，同时学习乐器制作，成功复制商代妇好墓出土的五音孔埙。之后进修于中国音乐学院，多次担任河南省器乐大赛评委。经过二十余年的潜心研究，他用品质细腻、柔滑、粘连、杂质少、可塑性强而又不过于软塌的黄河泥纯手工捏制出黄河泥埙。黄河泥埙造型各异、色泽自然、古朴淡雅，音准规范、音色优美、音域宽广，手感温润细腻，散发着黄河泥独特的幽幽远古气息。黄河泥埙因其特有的品质，被河南博物院、朱载堉纪念馆以及全国多位专业演奏家收藏。

十三、张莉

张莉，1978 年生，现居四川成都。埙演奏家，主制陶土埙（十孔）。

2009 年起跟随导师王其书教授学习双腔葫芦埙的制作及演奏技法。跟随导师开拓研制双腔葫芦埙的低音系列，完善了双腔葫芦埙高、中、低、倍低音的配套使用功能，并和导师一同开展双腔葫芦埙的推广活动，组建有双腔葫芦埙"后土埙乐团"。发表埙研制的相关文章有《复合振动共鸣原理在双腔葫芦埙创新技术中的应用》《新型双腔葫芦埙》《低音双腔葫芦埙的研制》等。

双腔葫芦埙系列

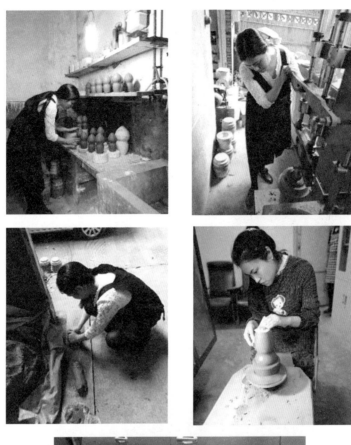

经过不断研制,双腔葫芦壎制作技术已经较为成熟。图为张莉正在制作双腔葫芦壎

十四、马宗华

马宗华，1982 年生，现居吉林白山。主制陶土埙（八孔、九孔、十孔）。

现任吉林省民管协会竹笛研究学会办公室主任，吉林省科技学院委聘教授，白山市工艺美术协会副会长，白山市陶埙非遗传承人，古埙烧制工艺传承人。2010 年开始自学埙的制作研究，擅长制作单腔体埙。

教学员制作埙

烧制埙器

宗华埙

十五、郑自豪

郑自豪，1984年生，祖籍河南淮阳，现居北京大兴。当代制埙师，主制陶土埙（十孔），"自豪埙"品牌创始人。师从多位业内名师专家学习古埙的制作与演奏。制作成果得到了专业演奏家和陶埙爱好者的喜爱和认可。作品被用于《李增光埙乐教程》以及吴题的埙乐专辑录制。

自豪埙

十六、高立

高立，1984 年生，现居山东泰安。主制陶土埙（十孔）。

2017 年起学习制埙，研制出既美观又可以演奏的现代陶埙——紫砂埙。2018 年申请了两个外观专利——牛头陶埙（紫砂埙）、龙吟陶埙（紫砂埙）。

牛头紫砂埙

十七、崔涛

崔涛，1985 年生于山东淄博，现居广东珠海。埙演奏家，主制陶土埙（八孔、九孔）。中国音乐家协会会员，中国民族管弦乐学会会员，中国乐器改革制作专委会常务理事。

自 1999 年起，系统学习笙、笛、埙等民族吹管乐器。埙演奏与埙制作师承仲冬和、曹建国、方浦东等。独立设计埙外观并申请专利，研制新型复古埙。为《手艺人》《千年国医》等纪录片作曲奏埙。撰写埙艺论文发表于《北方音乐》，获中国首届工艺博览会优秀论文奖，入编同期论文集。个人艺术履历入编《中国音乐家辞典》。

现场试音

崔涛研制埙的外观设计

十八、谢雪华

谢雪华,1985年生,现居河南洛阳。青年笛埙演奏家、制埙名家,主制陶土埙(九孔)。

师从著名笛埙演奏家刘凤山先生。非物质文化遗产古埙代表性传承人,洛阳市弘艺国乐艺术中心创办人。

2011年,在孟津县春节电视文艺晚会上个人联奏七种乐器演奏《鱼水情》,属首创性表演,被《解放军报》等多家媒体报道。2017年1月,受邀参加洛阳博物馆"调清管度新声——丝绸之路沿线音乐文物展"活动,演奏原创埙曲《王屋秋月》。2018年9月,受邀参加洛阳市河洛文化艺术节开幕式"情满河洛——诗和远方",参与第一篇章"丝路洛阳"音乐部分的创作,并演奏原创埙曲《征》。2018年10月,受邀参加西安丝绸之路"埙颂中华"高端论坛埙乐系列艺术活动,并演奏原创作品《兰雪》。2018年11月,受邀参加全国首届埙艺术展演与学术研讨会,并演奏原创埙曲《莲》。2018年,受邀参加洛阳市荧屏舞蹈艺术节颁奖典礼,并演奏原创埙曲《秋思》。2019年1月1日,策划并导演洛阳市首届"华悦之约——

制作陶埙

谢雪华参加埙演奏活动

豫见夏埙古埙音乐会"。

2019 年 4 月 1 日，受邀参加第 37 届中国洛阳牡丹文化节赏花活动启动仪式，创作埙曲《瞻彼洛矣》。2019 年 9 月，受邀赴杭州参加"梦想小镇法国日"活动，和法国艺术家即兴合奏《暗香》。2019 年 10 月 8 日，作为洛阳市西工区、偃师市两个市区唯一的特约嘉宾参加洛阳市委宣传部主办的大型文化旅游竞演节目《晒文旅家底·游河洛大地》，用自己复原的二里头的古埙为推介河洛文化助力，偃师市市长何武周首推"雪花制埙"。2020 年 1 月 1 日，策划并导演了第二届"华悦之约——豫见夏埙古埙音乐会"。2020 年 9 月，受邀参与河南省委宣传部主办的"出彩中原大型系列节目"洛阳站音乐部分的创作，原创作品《风过洛水》为洛阳站节目的主题曲。

十九、陆志天

陆志天，1986年生，现居广西百色。主制木埙、竹埙。

2003年开始学习笛箫演奏。2015年开始研制木埙。演奏、把玩、收藏皆善，尤其精于小C调以上的小木埙制作，部分音域可达双八度。

木埙

二十、郑安邦

郑安邦，1990年生，故乡山东淄博，现居江苏南京。中国民族管弦乐学会会员，江苏省乡土人才"三带"新秀，南京市秦淮区古埙制作非遗传承人，主制陶土埙（七孔、八孔、九孔、十孔）。

自幼跟随祖父学习灰陶、黑陶制作工艺。2009年，拜

南京音乐家李家安先生为师，学习手工紫砂埙制作工艺及古埙演奏。2012年，创建个人陶土乐器工作室——安邦埙坊，主要进行古埙研制和演奏推广。2017年起，研究埙的中温柴烧窑变工艺和犀皮大漆工艺。

郑安邦潜心研制古埙

郑安邦演奏和推介古埙

附录一

张荣华答埙专业制作十三问

随着信息技术的进步，网络传播的作用越来越重要。然而由于制埙这一行业起步较晚，网上专业性较强的资料不容易找到，故将三年前制埙大师张荣华先生的部分答疑录音整理成文稿，借此机会展示给读者，希望能解决年轻从业者在实践过程中遇到的一些困惑。

1. 笛子是一孔多音，而埙是一孔一音。这是怎么回事？

张荣华：这个问题不难理解。只有管状乐器才会一孔多音。非管状乐器，如球形乐器就是一孔一音，不会有更多的音，即便出来一个音那也是它的噪音或泛音，并不是它本孔出来的一个八度音。而且管状乐器必须是其内腔直径和管身长度形成一定比例，才能吹奏出准确的八度音；如果它的直径和长度不成比例，虽然可以出音，但出来的八度音不准确。

2. 有人用特别粗的竹子做埙，这种埙属于管状埙吗？

张荣华：实际上也属球状埙，而非管状埙。竹埙外观虽是管状，但它的内腔还是一个近似球状的腔体。所谓管，就是它的长度要远远大于它的内腔直径。如果它的内腔直径和长度相近，那它就相当于一个球形腔体。

3. 相对笛子的音域，埙的音域不广，这种现象与它们的构造有关吗？

张荣华：当然。埙，是球状腔体，如果要开发它的音域，首先得拉长它的腔体，使其接近管状，才能开拓它的音域。比如我们在腔体中间加装一个挡片，气流能够从这个挡片上很细的孔通过，这种埙在功能上就相当于一个管状乐器。

4. 如果埙的腔体里面多加几个挡片会不会音域更宽呢？

张荣华：多加几个挡片会感觉更好吹一些，但障碍物越多越影响埙的音色。拓宽音域和校准音色是一对矛盾体，会顾此失彼。所以说拓宽音域必须在不能过多地失去音色的基础上进行，兼顾音色并拓宽音域。如果不是这样，音域拓宽了却失去了埙的音色。

5. 现在市面上的埙五花八门，从外形看就有多种，让人眼花缭乱。您认为埙应该做成什么形状最为适合？

张荣华：埙的随意乱做、无标准，阻碍了埙的健康发展。说到埙的形状多样，也有它的原因，因为乐器中唯独埙可以随意改变形状。比如说，二胡，毕竟得有一张蟒皮、一支弓杆、一把琴轴，无论怎么改变，它的关键组成部件都变不了。笛子也是，笛子就是一根管，无论在上面雕花或者刻龙都无法改变它的管状。埙不然，埙可以做成任意形状，圆的、方的、三角的、六棱的，甚至还可以把它做成茶壶形、酒瓶形、凳子形，只要里面是空的，就能吹响，这是埙非常特殊的地方。由于它的可塑性这么强，所以制埙师就想把自己喜欢的形状通过埙的外观呈现出来，这样就造成埙的形状五花八门。

我并不是要否定个性化的制作，但是作为乐器来讲，若以各种并不确定的形状，诸如鬼脸、野兽等样貌出现的话，有失乐器本身的严肃性。乐器还是要具备一定的规范性，但也不是一成不变的，这种规范性可以规定在一定程度之内，建立一定的标准。这个标准就是从审美的角度出发，比如什么形状最美，而且有助于埙的发音。那么这种"美"的形状怎么得来呢？那就要通过反复的试验，做出一批埙来，看哪一个最符合"美"的标准，然后得出结论，形成文字数据。

作为我个人来讲，我认为埙应该沿袭古时形制，它的标准就是大自然中最美的卵形、水滴形。如果要做出改变，最好在这个基础上进行创新。为了拓宽音域非要改变它的形状时，一定要顾及它的基础造型。另外它的图案色彩可以随意设计，但是不要过于复杂，不宜红的绿的蓝的，那样太花哨了，会失去其严肃性。这是一种自然审美的取向，我想达成共识并不难。

作为在舞台上使用的演奏埙，一定要规范化。今天方的，明天圆的，人们在认知这种乐器的时候就会发生混淆，有漂浮不实之感。大家的认知需要稳定，不稳定，严肃性就没了，辨识度也没了。

6. 陶埙可以代表埙吗？不同的材料会对埙有影响吗？有多大的影响？埙在选择材料的时候需要考虑什么因素？还是必须要用某一种特殊的材料？

张荣华：我们常听人说陶埙，其实这种叫法不能说是错的，但也不完全正确。从历史角度看，中国最原始的、最纯粹的乐器，它们名称就一个字。比如说弦乐器：筝、琴、阮、瑟、弦。筝就是古筝，古是它的定语，说明它的制造时间，古琴与古筝是一个道理。阮就一个字，大阮、中阮、小阮都是阮，只是大小上的区别。弦，过去指单弦，后来有三弦，只是弦数不同。以上是弦乐器。那么管乐器，笛、箫、埙、篪、笙、管都是一个字。敲击乐器钟、磬、锣、鼓、铲、钹、铃、铛、缶，全是一个字。首先要了解这个知识，才能根据材质确定乐器的名称。笛就是笛，竹笛只是说明它的材质是竹子。埙就一个字，埙就是埙。用陶土烧的埙可以叫陶埙，还有玉埙、石埙、泥埙、竹埙，这些埙前面加的字都是制作它的材料。所以把埙称作陶埙，就是以偏概全了。

　　一枚好埙必须具备音质、音色、音量这三个要素。材料不同的埙，音色不同。那么其他材料能不能做出陶埙的音色来？能。石头做的埙、水泥做的埙，甚至石膏做的埙都能发出和陶埙一样的音色。只是有一个条件，这个制埙材料的性状、颗粒结构、比重、密度必须跟陶土类似。陶土具备一定的重量，太轻太重都不行。比如用铁做一枚埙或纸糊一枚埙都不行，因为它们的振动不符合陶埙的发音要求。这都是物理方面的知识。在条件不允许、必须要寻找替代材料的时候，只要这种材料的属性符合目标乐器普遍使用材料的属性，就可以使用。

　　7. 埙的音色与烧制温度有关系吗？有的埙吹起来"嘶嘶"声比较大，是怎么回事？

　　张荣华：对于用陶土烧制的埙，烧制温度会对音色有一定的影

响。埙的音色的好坏，取决于多方面的原因。除了材料和烧制温度
以外，制作时吹孔大小、埙壁的薄厚也都会影响埙的音色。

为什么有些人做的埙会有特别大的"嘶嘶"声？这是产生了噪
音，说明制埙技术不过关，比如吹孔的角度不对或埙壁薄厚不符合
埙的标准要求等。相同的材料，不同的人去做，就会出现有的有噪
音，有的没有噪音的情况，这是因为不同的人掌握制埙技术的熟练
度不同而导致的。

8．选择专业用埙要注意哪些方面？

张荣华：选埙首先要会吹埙。如果是初学者，要在有一定演奏
经验的人的帮助下去挑选。选择问题实际上就是一个鉴定问题，会
吹奏、懂鉴定才会懂选择。

首先要准备一个校音设备，专业用埙一定要通过音准的测试。
第一步，测整体的调性和音准。埙是筒音定调的乐器。以 C 调埙为
例，筒音（全按）的音高对应的就是校音器的"C"。第二步，测
埙自身的律，音程关系要准确。自身的律是一件乐器音准是否准确
的最核心的问题。说到准确性，需要说明的是这个世界上没有绝对
的事情。对于埙来说，音高有一个可控范围，这个可控范围是指在
正确的演奏方法下通过气息的控制把音吹准，做到游刃有余。埙有
它独特的演奏技法，在掌握吹埙的要领、实施合理技法后，就更容
易吹准。以上就是大家在挑选埙时应该注意的要点。

埙虽然是一件吹奏乐器，但是它同时具备弦乐的特点。它的音
孔有弦乐的特点，有幅度，且上下浮动比较大，但这种浮动必须得

演奏者具备游刃有余的吹奏技术时才能展现其效果。制埙的人和鉴别埙的人一定要懂得演奏，不会演奏制埙时就无法做到最佳控制范围，因为仅仅单枚埙的调音和演奏的感觉是不一样的。音有音阶，气也随着音阶的不同在改变；气有气阶，气阶与音阶应该是相应的。但是书上却没有气阶这个词。要把音阶吹准了自然会用到不同的气，气的产生会用到不同的角度、不同的口风。这就是语言极尽之处，需要长久的实践功夫和用心体会。

9. 对于没有接触过埙的初学者，在找不到老师带的情况下，应该如何去挑选埙？有没有大体的范围？哪些是不能选的？

张荣华：在没有试吹之前，不能断然说哪些埙是不能选择的，只有试了才知道。通常来讲，旅游景点的产品，大街小巷随意卖的类似埙的东西，基本上不要去选择。从价格上来讲，那些八元、十元的，甚至是几十元、上百元的，当作工艺品可以，当乐器就不行了。因为音准确的埙绝对不是那个价格。要想把埙做好，得经过无数次的调试，不是那么容易制作的。制埙人不可能把自己经过无数次努力调试好的埙廉价出售。

10. 埙底部没有制埙人名号的埙可以选择吗？

张荣华：总体上讲，有名号的比没有名号的可靠一些，但是有名号的埙也是千差万别，不一定就更好。

11. 如果没有写调，可以选择吗？

张荣华：如果没有写调，可以自己测试一下。不过一枚标准的埙一定要有调，如果没有调就可以不选择它。一个负责任的制埙人知道它的调是什么，是会刻上去的。如果没刻上去，也有可能是制埙人忘了，偶尔忘了一枚还说得过去，但不会一批都忘。乐器是发声的东西，发声来自它的内在，要赋予乐器生命就一定要使它能准确发声，不能准确发声就等于有其形而无其神，无异于行尸走肉。这就是我们大家在选择埙上需要注意的几个问题。真正严谨起来，做什么事都要有规范，像做人，首先要自律。

12. 埙如何定调和排律？

张荣华：原本埙定调没有一定之规，用哪个孔定调都可以，但总得有一个大家能形成共识的东西，这样交流才方便，也会便于与其他乐器合奏。埙虽然是非常古老的乐器，但它的成熟和规范相较其他乐器比较晚，还没有经过乐器法的考量，于是大家就将笛子的一系列规定用于埙上。

一、定调。笛子为什么在第三孔上定调？过去的笛子都是全按定调，后来根据笛子的特点，筒音作5这个指法就形成共识了。比如一开始就定全按1是它的调子的话，那就全按作1，但它不符合管状乐器的规律。其实转调可以用任何音孔作1（首调）。毕竟有一个最基本的调子，定在筒音是5，往上排第三孔是1，符合它的规律，这样大家对笛子的调子就达成了共识。那么，笛子第三孔作为它的调子，因为它的音域比较宽，这就是大家的共同认识。埙的音域相对较窄，八孔埙就九个音，在第三孔上开没有必要，全部都堵住是它的调子。同时还有一点，筒音的准确度相较其他来说是最困难的，因此只要这个音准确了，其他的音就会相对比较容易做准。所以，一开始就用第三孔去作这个音根本就没有依据。即使是笛子，第三孔是它的调子，在定音的时候也是要先定胴音，即全按时这个音。埙更是这样，第一个音的准确为后面音的准确奠定了基础。

二、这里有一个与其他乐器换算的问题。比如与笛子的换算，这就是一个专业问题。也就是说埙的胴音是笛子的第三孔，以这个去推算。埙定调就是全按时的调。

定调必然牵扯到排律。定调、排律必须结合实际演奏，一切都是为了运指和按孔的方便，一切为演奏服务。经过多次实践证明，这个做法是很科学的。八孔埙全按是 5，与笛子一样，九孔埙全按是 1。

八孔埙胴音作 5 的原因有两点：第一，它指孔的排列和笛子一模一样。第二，我们在吹乐曲的时候，最后一个音是 6 比较多，如果用胴音作 1，最后一个音也可以是 2。但为什么不用胴音作 1 的指法呢？因为以胴音作 1，到 7 这个音孔要开得很大，而 7 这个大音孔是对应左手食指的，而 1 这个小音孔却对应了我们的大拇指，大指按小音孔，小指按大音孔，从生理上讲不科学。所以在八孔埙上用胴音作 5，转调也很方便。

那么九孔埙为什么不用胴音作 5 为基本指法？因为若胴音作 5 为基本指法，最后一个音是 7，其用途很窄，所以几乎没有，不如直接吹八孔埙更方便。如果让它的胴音作 1 的话，最后一个音是 3，在一个曲子里，以 3 作为最后一个音非常常见，最符合笛子的指法。胴音作 1，相当于笛子胴音作 2 的指法，非常方便。如果胴音作 5，第一个就是筒音作 6 的指法，不方便转调指法，这可能对笛子演奏家来说不是难事，但我们的规范一定要方便更多人。它的道理就在这里。

我们现在有十孔埙，王其书老先生的十孔埙有两个八度，比较特殊，用笛子指法套不容易，它是另外的指法体系，是上下两层，完全打破了笛子指法排序，所以另当别论。我们把它称作"川式埙"。荣华埙的十孔埙还有另外一种，就是筒音作 5，最高音作 2，就是一个半八度。为了区分的方便，就把它暂称"京式埙"。这就是两种十孔埙。京式十孔埙是全按作 5 作为基本指法，我们上一把用 5 声音阶排律，5、6、1、2、3、5，后一把 6、7、1、2，这是七声音阶，非常方便，跟笛子的指法相似。而川式埙是筒音作 1 排律最方便，它也是 1、2、3、5，之后是 6、7、1、2 这样排的，它是筒音作 1 作为基本指法，是最合理的，转调可以用转调指法。我们是按照笛子的指法规律来排律，因为笛子是成熟乐器，大家都知道并且非常熟悉，排律也很科学，所以我们在埙的排律上就要将笛子的指法考虑进来。

13．对于现在市场上流行的把埙的口削掉这种做法，您怎么看？这和尺八削掉口有什么不同？

张荣华：削口这种做法破坏了埙的整体美感。尺八是管状乐器，和埙是两回事。埙完全不需要削口。埙削掉口后高音是容易吹了，但却牺牲了埙的俯吹音。俯吹是埙的一种独特演奏方式，用特别微小的一个移动、变化就能下行俯吹，吹口一破坏，不仅增大俯吹难度，而且损失了俯吹的下行音域。因此，削口这种做法是一个极大的错误，这种错误做法和制作技术不成熟、认知水平的局限有很大的关系。

附录二

七千年禁区的突破
——复合振动腔体结构的发明与双腔葫芦埙

王其书

一、埙的七千年历史沧桑和发展轨迹

埙是我国古老的民族乐器之一，其独特的腔体空气球（团）振动发音方式，使其具有古朴、典雅、厚重的类似人鸣咽声的极具表现力的独特音色，为其他任何乐器所不能代替。根据考古和历史记载，在新石器时代，人们已能制作陶埙。《拾遗记》称"庖牺氏灼土为埙"，《世本》称"埙，暴辛公所造"之类的传说虽不可考，但可以说明埙的历史是十分久远的。可靠的最早文献记载见于成书于春秋时代的《诗经·小雅》，其中有"伯氏吹埙，仲氏吹篪"的诗句。《尔雅·释乐》注："烧土为之，大如鹅子，锐上平底，形如秤锤，六孔，小者如鸡子。"最初的埙只有吹孔而无音孔，发一个音，很可能是由先民们狩猎的工具——石流星演变而来，石流星抛出时可发出嗡嗡声。后经历史演变、发展，逐渐增加音孔，成为可以吹奏旋律的乐器。在历史上，埙的腔体形制较多，有球形、卵形、橄榄形、月牙形、管形、梨形，以及鱼形、牛头形等各种动物形状。到商代后期，在中原地区逐渐统一成"锐上平底"的梨形，其他形制除少数民族地区外，已不多见。埙历代在民间虽有流传，但主要用于宫廷雅乐。汉代以后，除少数民族地区外，在民间已几乎绝迹，个别留存下来的陶埙，也只作为一种古玩摆设，而不用于演奏了。到了近代，人们才又开始对古埙进行仿制、改良并用于演奏，现代大量使用的陶埙即是根据梨形古埙仿制改良而成。近十几年来，陶埙以它特有的魅力获得中外各界人士的青睐，凡听过埙演奏的人，无不为之倾倒。

我国考古工作者在全国各地相继发掘出土了不少各个历史时期的陶埙、石埙、瓷埙，再参考史书文献的记载，我们可以概略地勾画出一条我国埙发展的历史轨迹，这对我们对埙进行研究、改良有着极大的参考价值。

（一）七千年前的古乐器——河姆渡陶埙

1973年，浙江省余姚河姆渡遗址出土的陶埙，呈椭圆形（卵形），单腔体结构，只有一个吹孔，无音孔，发一个音，距今七千年左右，是目前发现的年代最早的埙之一。这种埙可能是由石流星演变而来，

河姆渡遗址陶埙

是最原始的埙。（浙江省博物馆藏）

（二）半坡遗址陶埙

陕西西安半坡仰韶文化遗址出土的两枚陶埙，一枚无音孔，一枚有一音孔。两枚埙呈橄榄形，单腔体结构，新石器时代（约六千年前）制品。（半坡博物馆藏）

（三）荆村遗址陶埙

山西万荣荆村遗址出土，是新石器时代（约五千年前）制品。有管形（顶端一吹孔，无音孔，发一音）、椭圆形（顶端一吹孔，腰部一音孔，发二音）、球形（一吹孔、二音孔，发三音），均为单腔体结构。（山西省博物馆藏）

荆村遗址陶埙（一）　荆村遗址陶埙（二）　　荆村遗址陶埙（三）

（四）火烧沟遗址陶埙

1976 年，甘肃玉门火烧沟文化遗址古墓出土的陶埙，是四千年前夏代彩陶制品，共出土二十余枚，单腔体结构，外形呈圆鱼形，扁平状，顶部有吹孔，鱼身有音孔三个，发四个音。（甘肃省博物馆藏）

火烧沟遗址陶埙

二里岗早商遗址陶埙

（五）二里岗早商遗址陶埙

商代陶埙较古埙已有较大发展，音孔增多，单腔体结构，形制出现平底梨形，以便于放置。河南郑州二里岗早商（约三千五百年前）遗址出土的陶埙，呈椭圆形，三个音孔。（河南省博物馆藏）

（六）琉璃阁150号殷墓陶埙

河南辉县琉璃阁150号殷墓出土的后商（约三千年前）陶埙，已改进为"锐上平底"的梨形埙，单腔体结构，一大一小两枚，五个音孔，两埙呈八度关系。（中国历史博物馆藏）

（七）汉代陶埙

梨形，单腔体结构，六音孔。

（八）宋代陶埙

梨形，单腔体结构，七音孔。

（九）近代陶埙

梨形，单腔体结构，七八个音孔。

琉璃阁150号殷墓陶埙

（十）少数民族地区流行的异形埙

在我国少数民族地区至今仍流行着埙这种乐器，成为人们生活中不可缺少的伴侣，但其形制不同，名称各异。藏族的埙叫"扎令"或"德令"，流行于藏北高原和后藏（日喀则），陶泥制，卵形带嘴和尾，二至四孔。彝族埙叫"布里拉"，又称"阿乌"，流行于昆明市官渡区，泥制，呈菱形或月牙形，菱形二音孔，月牙形六音孔。云南文山仆人（彝族支系）地区称"笛老挪"，呈梨形，三音孔。宁夏回族地区叫"泥哇呜"，泥制，多牛形、牛头形、蝶形、牛角形等，音域五至八度。新疆哈萨克地区的埙是长圆形，有头、尾，五至八孔，音域七至八度。

（十一）中华人民共和国成立以来各式各样的改革埙

在进行埙的实质性研究改革工作前，除需要了解掌握七千年的发展史外，更需要了解中华人民共和国成立以来的研究发展状况。我查阅了国内外数十种文献资料，并到各地找到研制者调查了解，学习别人的经验，基本上弄清了中华人民共和国成立以来埙改革发展的状况。在调查了解的基础上，筛选出代表性较强、性能较优越的几个品种，如：天津陈重先生的九孔埙，天津陆金山先生的十二孔埙、鸳鸯埙，西安高明先生的卵形埙，宁夏冯会耘先生的牛头埙，台湾庄本立先生的十六孔埙，等等。对它们进行剖析研究，找出规律性的东西，为自己进行研究提供了宝贵的资料和经验。

通过对以上资料的研究，我们可以勾画出七千年来我国埙发展的历史轨迹。它将对我们下一步的研究工作起到航标灯的作用。

现将这个发展轨迹用表格方式归纳如下：

名称	时代	出土地或诞生地	腔体结构	超吹	形状	音孔数	音阶	音域（胴音算起）	音量
陶埙	新石器时代，公元前5000年	河姆渡	单腔	无	椭圆形	无		一度	小
二孔埙	新石器时代，公元前4000年	半坡遗址	单腔	无	橄榄形	一		三度	小
二孔埙	新石器时代，公元前3000年	荆村遗址	单腔	无	管、椭圆球形	无至二	五声	七度	小
四孔埙	夏代，公元前2000年	玉门火烧沟	单腔	无	扁鱼形	三	五声	四度	小
四孔埙	早商，公元前1500年	二里岗	单腔	无	椭圆形	三			小
六孔埙	后商（殷代）公元前1100年	琉璃阁	单腔	无	梨形	五	七声	八度	小
七孔埙	汉代		单腔	无	梨形	六	七声	八度	小
八孔埙	宋代		单腔	无	梨形	七	七声	八度	小
八孔埙	清至近代		单腔	无	梨形	七	七声	八度	小
十六孔埙	1961年	台湾	单腔	无	梨形	十六	七声、半音阶	十度	小
十二孔埙	1984年	天津	单腔	无	梨形	十一	七声、半音阶	十一度	小

（续表）

名称	时代	出土地或诞生地	腔体结构	超吹	形状	音孔数	音阶	音域（胴音算起）	音量
卵形埙	1986年	西安	单腔	无	卵形	九	七声、半音不全	十一度	中
牛头埙	1986年	宁夏	单腔	无	牛头形	十二	七声、半音阶	十二度	大

注：因无音量测试数据，只能提供大致指标。

二、七千年禁区的突破点——埙的腔体结构研究

（一）埙的改革发展史给予的启示

埙从无音孔发展到五音孔经历了漫长的四千年，从狩猎工具演变成一种能演奏旋律的乐器，这是一个大的飞跃。随着中国社会经济的向前发展，文化艺术也相应地向高层次发展。随着埙使用性质的转变，人们已将它作为一种乐器来审视和要求，在使用过程中便发现它虽然音色极美妙，却也存在着几个明显的缺陷：1.音域太窄，仅一个八度左右。2.音量太小，无法在乐队中发挥作用。西周的大射仪乐队编制已较庞大，埙的音量显然无法和其他乐器相匹敌。3.音律不齐，与当时的律学理论、旋相为宫的理论不能相适应。

因此，历代音乐家都在为解决埙的这些问题，使这件美妙乐器在乐队中充分发挥作用而不懈努力。人们惯用的办法是：1.增加音孔数量，从一音孔加至八音孔，以解决音域和音律的问题。2.改变

埙的腔体形状、吹口形状等，以求与多音孔相配合，增宽音域。但是，其结果如何呢？音域一直未能突破八度，音量改进不明显，仅在音律配置上有改进。总之，一切均不理想。在这种情况下，人们忍痛将这件美妙乐器弃置不用，而以其他乐器代之，这不能不说是一个历史性的损失。从汉代起，直至近代，埙逐渐被挤出音乐舞台，变成了少数家庭的古玩陈列品，能演奏的人凤毛麟角。

随着社会和音乐文化事业的发展，经济和科学技术的现代化，电子时代的到来，社会生活的节奏加快，导致人们在精神生活、艺术生活中去追求一种宁静的属于大自然的返璞归真的东西。埙的古朴、典雅风格和带有土声地气、神韵十足的美妙音色，引起了人们的极大兴趣。近十几年来，埙突然成了人们的宠儿，在广泛运用于音乐、影视舞台的同时，不少专家对其再次进行了艰苦的改革研究工作，取得了一些可喜的成果，如：九孔埙、十二孔埙、鸳鸯埙、卵形埙、牛头埙、十六孔埙等。它们适当地增大了音量，增宽了音域（最宽者达十二度），按十二平均律配齐了半音，能转调演奏。

但是，以上的结果还不能令人满意。一首普通的群众歌曲，音域也多在十二度以上，对一件乐器来说十二度的音域实在是窄了，迫不得已只能用低转高、高转低，即民间所谓的"老配少"的办法来解决，这样吹出来的曲调，有时会令人哭笑不得。至于音量，仍然偏小，大多数改革埙的音量仍不能和一把普通的二胡相比。转调问题虽然在理论上解决了，但仍存在指法不顺、规律性差、操作困难等问题。矛盾缓和了，问题还存在，而专家们亦感到无能为力了。

通过对大量事实的分析，笔者认为，古人的改革思路已走到尽头，无法再前进了。所谓古人之路，即增加音孔数量，改变埙体形状，改变吹孔形状、大小、位置等办法。这些办法已被利用到最大限度，但仍攻不破那坚固的城堡。因为，仅靠增加音孔或扩大音孔都有一个极限，超过这个极限，将破坏空气球振动发音方式对腔体完整的基本要求而无法振动发音（这是音域无法再扩展的要害），还将会使高音音孔过大而无法按指，无法演奏。

众所周知，绝大多数吹奏乐器（埙除外）都具有超吹功能，即用同一指法，通过口型与气流的控制，可以吹奏出高八度或高十二度的音来，这是使其音域得以增宽的关键。目前东西方常用管乐器的音域，最窄者也在两个八度以上，宽者可达四个八度。为什么不可以想办法让埙也能超吹呢？要知道这对一般管乐器而言是轻而易举的事，对埙而言却成了一个极大的难题，也是一个禁区。七千年来，古人没有想出办法，当代的专家教授也没有想出办法，难道他们不知道解决超吹可以有效扩大音域吗？否！但是却没能做到这一点，不少人认为要让埙产生超吹音近乎是幻想。

沿着上述思路，笔者认真研究了埙的振动发音方式和振动原理，发现它与其他管乐器虽同属吹奏乐器，但其振动发音方式是完全不同的，它不是管状空气柱振动发音，而是团状空气球（体）振动发音。这种独特的振动发音方式决定了它不可能通过控制振动激发器使之产生倍频振动，即不可能产生超吹音，这是根据乐器声学做出的不可推翻的结论。

难道就毫无办法了吗？我不甘心也不愿接受自己研究得出的结论。我怀着近乎疯狂的愿望，哪怕只有一线希望，也要拼命去闯一下这个禁区，希望能穿过一条隐蔽的小路而发现"又一村"。我给自己定下了明确的、让人畏惧的目标——解决埙的超吹问题。

（二）禁区的突破——腔体结构研究

在找寻突破点前，我给改革定下如下的目标和原则：1. 保留传统陶埙的基本发音方式和按指特点，以保持其独特的、迷人的传统音色和传统演奏技法。2. 解决超吹问题，增宽音域至两个八度（从胴音算起），以满足演奏旋律的基本需要。3. 适当增大音量，以达到与其他民族乐器之间音量的平衡。4. 尽量按十二平均律补齐音列，设计科学的音孔排列，增强转调功能。要让埙既能作为独奏乐器，又具备作为常规编制乐器进入民族乐队的条件。

实现以上目标的关键是解决超吹问题，超吹成了研究的核心。这是一场攻坚战。这场攻坚战得从研究已被科学判定不能超吹的腔体入手。

1988年以来，我进行过无数次的试验和探索，认真研究过别人的改革研究成果。制作过数十种不同形状的腔体，有球形、细颈花瓶形、酒瓶形、正梨形、反梨形、蛋形、管形、并排双梨形、套管梨形、排笛形、葫芦形……均毫无结果，全是死路。各种不同的腔体形状都未脱离团状空气球（体）振动的基本方式，因而都不可能产生超吹音。唯管形在达到足够管长且对吹孔进行了重新设计，可能产生超吹音（荆村出土的管形埙不行），但其音色已变得与箫笛类似，实际上成了箫而非埙。这个试验说明埙的腔体振动方式是其美妙音色的根源，绝对不容改变。排笛式的鸳鸯埙加快了演奏中换乐器的速度，不失为一种办法，但它终究还是两个埙而非一个。至于一种腔大小可随时变化的埙，因其在声学原理上存在着先天不足，音准在制作上无法保证，指法排列较乱，演奏困难，虽然音域较宽，但仍不能超吹。总的来讲，全国尚找不出一个能超吹的埙。

我在冥思苦想中，突然间头脑中闪过一种想法：腔体振动发音方式之所以不能超吹，是因腔体空气球（团）无法分割成两个球振动而产生倍频泛音，如果我将两个空气球连接在一起，通过口风的控制使两球体的振动可分可合，不就可以解决超吹问题了吗？这一闪念，让我大喜过望。我知道，这不是上天的恩赐，也不是瞎猫碰上死老鼠的运气和巧合，这是长期知识积累和艰苦研究、探索、试验的升华。虽然还未正式进行制作，但经验告诉我：解决超吹问题的钥匙已经找到了，七千年的禁区即将突破，剩下的只是一些具体形状、尺寸、比例、孔位的设计和最佳方案的筛选、试验。

之后，我冷静下来，从声学理论的角度审思自己的设想，看看有无错误，并对具体方案进行构思，从造型、按指、吹孔音孔设计、两腔体连接部的设计到腔壁厚度、指法排列都一一认真地进行思考，新型改革埙的雏形在头脑中逐渐形成。它的基础结构是复合振动双腔体结构，即分上下两个梨形振动腔体，中间用一小孔（蜂腰孔）将两腔连接起来。当缓和地吹奏（平吹）时，上下两腔是一个整体，作为一个腔体（单腔）振动发音，与普通的埙无异；当演奏者收紧风门，加大风压（用超吹口型）时，两腔体在急气流的冲击下分成两个部分，上腔体单独振动发音产生超吹音，下腔体成为一个共鸣腔和调整音高的辅助腔体（与笛子笛尾部分作用相似）。这样就利用一个简单的结构——蜂腰孔，达到了使埙产生超吹音而扩展音域的目的。幻想终于变成了现实，七千年古埙扬眉吐气、再展风采的日子不会太久了。

经过一年的反复试验、试制、调整设计、筛选方案，终于在1990年研制成功。我将这可以超吹的新一代改革埙定名为——双腔葫芦埙。

三、双腔葫芦埙的研制

（一）双腔葫芦埙的结构设计和性能

1. 外观造型：坚持继承传统、发展传统、立足民族的观点，将其外形设计成变形的葫芦形状，饰以小篆凸文或刻文、刻花图案，衬以大小音孔的合理布局，让人一见它就产生一种古朴的美感，不失为一种造型别致、具有浓郁民族风格的陶瓷艺术品。

2. 蜂腰孔设计：这是复合振动体结构的核心部分。蜂腰孔太大，两腔成了一腔，不能产生超吹；蜂腰孔太小，虽能超吹，但整个音域不能衔接贯通，还会使部分音的音色虚暗、音量减弱、发音不好。蜂腰孔大小设计得合理，能兼顾超吹和音色、音量、音域的衔接贯通。

3. 上下腔比例的确定：上下腔的比例对高中低音音色音量统一、音域衔接贯通有重要作用，与蜂腰孔相辅相成。设计定型的双腔葫芦埙上腔直径略大于下腔。

4. **音孔排列设计**：要使人手的生理结构特点和双腔葫芦埙的结构特点、设计性能巧妙地结合起来，这是对音孔排列设计的基本要求。双腔葫芦埙按十二平均律配齐了音列，十个手指全部用上，共十一个音孔，下腔九个，上腔两个，按手的生理结构特点分布在埙体的前后左右。演奏指法顺手，转调方便。

5. **音域**：双腔葫芦埙的实用音域达两个八度以上，共设计了三种规格，高、中、低音埙三个为一套。根据演奏的需要，还可设计其他规格。

6. **音量、音色**：双腔葫芦埙音量较传统埙明显增大，最大音量可达104dB，平均音量为89.3dB，完全可以和二胡的音量匹敌。除俯吹音量较小外，其余音域强弱控制自如，可由ppp至fff自由演奏。音量得以增大的原因在于复合振动腔体的使用，增加了谐振与共鸣，并为适当扩大吹孔、音孔提供了科学技术保证。此项设计同时使得乐器的音色优美，音质纯正，发音灵敏，快速、慢速演奏都能胜任。

7. **制作工艺与材料**：沿用传统陶瓷工艺，陶土制坯，炉火烧成，以保持传统埙古朴、典雅的风格和传统音色。

（二）双腔葫芦埙的声学测试结果

1990年7月，中国艺术科学技术研究所对第一代双腔葫芦埙进行了声学测试，测试中用大、中、小三个改良的音量最大的单腔梨形埙与之进行对比测试，测试结果如下：

144

（说明：目前使用的是第三代双腔葫芦埙，不论在音色、音质、音量、超吹发音方面均优于第一、二代，但因未再测试，无法进行数据对比，因而提供第一代的测试数据仅供参考）

测试内容：音量、音色（频谱分析）

测试仪器：B&K 2230，1625

SONYTC-D5M

音量测试结果：为便于比较，同时列出传统埙（指单腔梨形改良埙，下同）音量。单音，最大力度，测试距离1米。

音高	双腔葫芦埙	传统埙		
		大埙	中埙	小埙
音高	SPL(dB)		SPL(dB)	
$g\dot{5}$	88.6	79.9		
ab	75.9	76.1		
$c^1 1$	82.0	85.1	84.2	
$d^1 2$	85.9	89.6	88.9	
$e^1 3$	86.9	89.7	88.4	
$g^1 5$	83.4	94.2	79.1	85.8
$a^1 6$	104.3		89.7	94.6
$c^2 \dot{1}$	98.9		89.8	92.8
$d^2 2$	95.4			90.2
$e^2 \dot{3}$	86.9			92.0
$g^2 \dot{5}$	93.7			93.9
平均	89.3	85.8	86.7	91.5

注：双腔葫芦埙与改良小埙对应六个音的平均数为 93.7dB，仍大于该小埙。

频谱分析结果：将改革埙（指双腔葫芦埙，下同）的六个音的音色与传统埙的同样六个音的音色做比较：

1. 在 3、6、2、5 四个音上，二者有几乎相同的频谱。

2. 在 5 音上，传统埙三次谐波强于改革埙（17dB），表现为"色彩"强于改革埙。

3. 在 2 音上，改革埙二、三次谐波略小于传统埙 (5dB)，表现为传统埙"亮度"及"色彩"略强于改革埙。

结论：从频谱分析结果得之，改革埙的音色，在中音、高音部分和传统埙一样，在低音区虽小有差别，但是仍具有同类型色络，即具有共同之音色特点。

测试报告人：虞忻平（签名）

中国艺术科学技术研究所（盖章）

注：频谱分析图表略。

通过演奏实践和声学测试，证明双腔葫芦埙完全达到了我在前面提出的四项目标，它的各项技术指标均优于传统古埙和当今国内外已有的改革埙。

（三）双腔葫芦埙的鉴定、专利与获奖

双腔葫芦埙于 1991 年 5 月 1 日获国家专利权。1992 年 1 月 18 日，在成都由四川省教委、四川省文化厅共同主持通过鉴定。

双腔葫芦埙于 1991 年 6 月获四川音乐学院庆祝建党七十周年

科研成果评选一等奖，1991 年 6 月获四川省第五届发明展览会金牌奖，1991 年 10 月获第六届全国发明展览会银牌奖，1991 年 12 月获四川省首届少数民族文艺基金奖最佳奖，1992 年 10 月获北京国际发明展览会银奖，1992 年 10 月获文化部科技进步二等奖，1993 年 12 月获中华人民共和国国家发明三等奖。

（四）实施、宣传、推广与专家评价

本成果从 1990 年定型后，进行了小批量的试生产，并于 1991 年 10 月起带到西安、北京、天津、上海、重庆、成都各音乐艺术院校及全国著名乐团进行介绍宣传，受到专家教授们的热烈欢迎和高度评价。中央音乐学院、中国音乐学院、中央民族乐团、中央广播民族乐团等十一个单位二十一位高级专家教授，撰写了评价极高的鉴定意见书，认为：双腔葫芦埙"在保留陶埙古朴、典雅、深沉、厚重的音色特点以及传统演奏技法与民族造型的基础上，首创复合振动腔体结构，产生了超吹泛音，并将实用音域扩展到两个八度以上，健全了半音，转调方便"，"增加谐振与共鸣，扩大了音量"，"丰富了乐器的表现力，因此，它的改革是十分成功的。为创作和演奏提供了广阔的发展前景"。（中央音乐学院）"电影菊豆音乐全部用埙演奏来完成，当时因音域窄等问题，故采用几个埙演奏来完成。现在采用王其书先生研制的双腔葫芦埙来演奏的话，只需一个埙就可以完成。""低音区、高音区音色统一，并且容易发音，整个音量有明显扩大。"（中国音乐学院）"有很大突破。""音色、音准都较好，很适合于独奏、重奏及大型民族乐队中使用。"（中央民族乐团）"制作精美，设计巧妙"，"强弱变化自如，音色更加深沉、古朴而典雅"，"指法排列合理，转调极其方便，完全可以用于大型乐队"，"改革非常成功"。（中央广播民族乐团）"两个共鸣腔巧妙组合"，"构思新颖独特，是一件表现力丰富，实用价值高的民族吹奏乐器"。（西安音乐学院）"是埙改革中取得关键性突破的乐器改革科研成果。"（陕西省歌舞剧院）"设计新颖、合理，属国内首创"，"是目前国内埙的音域中最宽的一种"。（天津音乐学院）"是一项成功的改革发明，解决了长期未能解决的难题。"（四川音乐学院）"该乐器已能演奏两个八度，音色淳厚而幽远，这一进展，使这个古老的乐器不仅以更光彩的面貌出现在世人面前，而且完全可以为现代音乐服务。"（上海民族乐团）

在短短的两年时间内，双腔葫芦埙已被全国各大音乐院校和音乐团体所接受，不少院团纷纷要求订货，在各单位的演出、录音中已相继投入使用，其速度之快，在乐器研究成果的推广使用工作中是没有先例的。双腔葫芦埙的第一盒录音专辑磁带——《废都》，已于 1993 年夏在西安出版发行。四川音乐学院邹向平先生的作品《鱼凫祭——双腔葫芦埙与乐队》已由四川人民广播电台录音，在1992 年"黑龙杯"全国管弦乐作曲大赛中获特别奖，在台湾地区第二届国际华人作曲家征曲比赛中获佳作奖。

该乐器在国内大型演出及赴日本、独联体访问演出时均受到热烈欢迎。1990年，日本 KBL 音像中心为双腔葫芦埙录制了盒式磁带及录像资料；在俄罗斯莫斯科音乐学院访问演出并录制磁带资料；在塔什干音乐学院演出并由乌兹别克斯坦国家电台录音；独联体《额尔齐斯报》《人民之声报》相继发表评论文章，给予高度评价。

双腔葫芦埙现已推广至美国、加拿大、澳大利亚、新加坡等。

（五）双腔葫芦埙演奏指南

双腔葫芦埙演奏法和传统埙基本相同，会吹传统埙和笛、箫的人很容易就能掌握它，但因其功能的发展和结构的变化，在演奏中应特别注意下列问题：

1. 掌握正确的手形，以利于双手的放松和演奏的自如。双手捧埙体下腔，手掌与小指、无名指相连部位贴在埙体下部，以保持埙体的稳定。

2. 手指顺埙体弧面自然放松地用指腹开闭音孔。

3. 下巴紧贴埙体，吹孔应全部敞开，下唇不能盖住吹孔，以保证高音区发音正常。

4. 吹奏低音区时要特别注意嘴唇应尽量放松，风门放大，以求得理想的音质。

5. 常做全音域的练习，特别是平吹与超吹间的转换练习。

双腔葫芦埙指法表

音高		指法	音高		指法
高音埙胴音 Cl	中音埙胴音 g		高音埙胴音 Cl	中音埙胴音 g	
C^1	g	孔全闭	C^2	g^1	开 1、2、3、4、5、6、7 孔
$^\#C^1$	$^\#g$	开 2 孔	$^\#C^2$	$^\#g^1$	开 1、2、3、4、5、6、7、8 孔
d^1	a	开 1、2 孔	d^2	a^1	开 1、2、3、4、5、6、7、8、9 孔
$^be^1$	b^b	开 2、3 孔	$^be^2$	$^bb^1$	开 1、2、3、4、5、6、7、10 孔
e^1	b	开 1、2、3 孔	e^2	b^1	开 1、2、3、4、5、6、7、8、10 孔
f^1	C^I	开 4 孔	f^2	C^2	开 1、2、3、4、5、6、7、8、9、11 孔
$^\#f^{\neq}$	$^\#C^1$	开 1、2、4 孔	$^\#f^2$	$^\#C^2$	开 1、2、3、4、5、6、7、8、10、11 孔
g^1	d^1	开 1、2、3、4 孔	g^2	d^2	孔全开
$^\#g^1$	$^\#d^1$	开 4、5 孔	a^2	e^2	孔全闭
a^1	e^1	开 1、2、3、4、5 孔	$^bb^2$	f^2	开 10 孔
$^bb^1$	f^1	开 1、2、3、4、7 孔	b^2	$^\#f^2$	开 10、11 孔

（续表）

音高		指法	音高		指法
高音埙胴音 Cl	中音埙胴音 g		高音埙胴音 Cl	中音埙胴音 g	
b¹	#f¹	开1、2、3、4、5、6孔	C³	g²	开4、6、7、10、11 孔

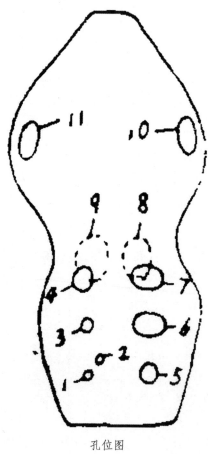

孔位图

附录三

全国制埙师一览表

（资料来源于网络收集、自行申报）

姓名	性别	出生年月	制埙工艺	简介
王其书	男	1938年6月	烧陶工艺	1982年随曹正老师学习手工制埙，1991年成功发明双腔葫芦埙，同年获国家实用新型专利授权
黄金成	男	1939年11月	烧陶工艺	1982年开始研制陶埙，并参与演奏录音工作，用自制陶埙演奏埙曲
王胜祥	男	1945年10月	烧陶工艺	2003年开始研制陶埙，手工拉坯的形制有十余种，研究开发出六大类十余个系列的陶埙和几个系列的树脂埙
张荣华	男	1948年9月	树脂工艺	1993年成功开创了古埙制作新工艺，攻克了传统工艺的"高音难吹、音准不易统一及音调不全"等技术难关，实现了历史上第一次埙的标准化与规范化的生产制作，荣华埙成为专业演奏家的首选
张友刚	男	1952年	烧陶工艺	专业制作，独创"沙囊制埙"法
李蕴林	男	1954年4月	烧陶工艺	1993年开始制埙，研究埙文化二十六年；从事埙文化传播、埙制作授业传艺

（续表）

姓名	性别	出生年月	制埙工艺	简介
李瑞明	男	1954年5月	烧陶工艺	1999年开始做埙，研制出九孔埙、十孔埙和各种不同形状的埙
常波	男	1959年12月	胶泥工艺	20世纪80年代开始研制"泥哇呜"，1994年随冯会云学习制作牛头埙
聂荣	男	1962年6月	石材工艺	2006年开始研究制作石埙
关振国	男	1962年9月	烧陶工艺	根据火烧沟彩陶文化研发鱼形九孔埙
姜续丰	男	1963年3月	烧陶工艺	2015年开始研究制作陶埙，注重音色、指感和外观设计
门杰	男	1966年7月	烧陶工艺	从事陶艺教学及制作
张少春	男	1968年2月	烧陶工艺	2007年开始研制树脂埙
于连军	男	1968年8月	烧陶工艺	河北省非物质文化遗产项目代表性传承人
姬庆丰	男	1969年2月	烧陶工艺	2002年开始制作工艺埙，市级陶埙制作传承人
赵遥	男	1969年6月	烧陶工艺	1995年创建"挽袖坊"古埙制作室

（续表）

姓名	性别	出生年月	制埙工艺	简介
李红兵	男	1969年7月	柴烧艺、苏打烧特种工艺	1993年在西安半坡博物馆成立半坡陶坊，从事埙的制作及研究。现为市级工艺美术大师，陕西省陶瓷手工成型二级技师
唐昭茉	男	1970年9月	竹根埙	2010年开始研究用各类材料做埙，2013年成功做出一体竹埙，并成功申请了专利
全斌	男	1972年8月	烧陶工艺	早期以梨形九孔埙为主，平口吹孔，中温釉面（半瓷化）烧制；近年开发出橄榄形扁圆单腔体十孔埙
郎爱坤	女	1972年9月	烧陶工艺	从事制陶业二十五年，开展埙在义务教育阶段的普及推广
黄生才	男	1972年12月	高温瓷工艺、紫砂工艺（南埙）	2015年开始研制埙、陶笛。2017年创办了佰埙乐坊（合伙创办），专业制作南埙并推向市场
王小建	男	1974年1月	烧陶工艺	黄河泥埙坊创始人，非物质文化遗产黄河泥埙代表性传承人
刘延庆	男	1977年6月	竹制工艺	用四川的楠竹制作竹埙
张莉	女	1978年6月	烧陶工艺	2009年起跟随王其书教授学习双腔葫芦埙的制作及演奏技术，同时跟随导师开拓双腔葫芦埙的低音系列，使双腔葫芦埙完善了高、中、低、倍低音的配套使用功能

（续表）

姓名	性别	出生年月	制埙工艺	简介
陈志亮	男	1979 年 1 月	烧陶工艺	2012 年开始研究制埙，近几年致力于改良埙
方光真	男	1980 年 1 月	烧陶工艺	2006 年开始制作埙
张科举	男	1980 年 2 月	烧陶工艺	张家口非物质文化遗产埙传承人，怀来古竹乐器厂厂长
吴超团	男	1980 年 6 月	烧陶工艺	1997 年开始学习制埙，将双腔葫芦埙用手工拉坯法一次成型
张埙	男	1981 年 5 月	烧陶工艺	2000 年开始学习制埙
董志国	男	1981 年 5 月	烧陶工艺	2014 年开始研究制作埙，制作有牛头埙、龙头埙等
谢亮	男	1981 年 7 月	烧陶工艺	2008 年开始研究制作埙
马宗华	男	1982 年 11 月	烧陶工艺	白山市陶埙非遗传承人，古埙烧制工艺传承人，2010 年开始自学埙的制作
杨斌	男	1983 年 2 月	烧陶工艺	1999 年开始学习制陶制埙，2017 年正式创办秦墨陶埙工作室
赵军	男	1983 年 5 月	烧陶工艺	1999 年在西安半坡博物馆学习制埙，是西安市非遗保护协会理事、西安市陶埙手工制作技艺传承人

（续表）

姓名	性别	出生年月	制埙工艺	简介
吴德林	男	1983年5月	烧陶工艺	2013年开始研究古埙陶艺制作和吹奏
田懿	男	1983年8月	烧陶工艺	2009年开始制埙
郑自豪	男	1984年1月	烧陶工艺	自豪埙品牌创始人
高立	男	1984年10月	烧陶工艺	2017年起学习制埙，研制现代陶埙紫砂埙
崔涛	男	1985年2月	烧陶工艺	独立研制埙外观设计专利和实用新型专利
谢雪华	男	1985年9月	烧陶工艺	2010年开始制埙
马梦光	女	1985年11月	烧陶工艺	于景德镇陶瓷大学学习制埙
刘伟	男	1985年12月	烧陶工艺	2010年开始制埙
陆志天	男	1986年3月	木埙（纯手工或木旋）、竹埙	2015年开始研制木埙
姬高云	男	1986年12月	烧陶工艺	2015年开始学习研究制埙
宋华林	男	1987年5月	烧陶工艺	2012年成立华林埙工作室

（续表）

姓名	性别	出生年月	制埙工艺	简介
张勇	男	1987 年7 月	烧陶工艺	自 2009 年开始接触并成立工作室制作陶埙，目前主要制作单腔埙
张军	男	1988 年2 月	烧陶工艺	2013 年开始接触埙，2016 年开始制作埙
郑安邦	男	1990 年2 月	烧陶工艺	中国民族管弦乐学会会员、南京市秦淮区古埙制作非遗传承人，主要进行古埙研制；2012 年创建个人陶土乐器工作室——安邦埙坊
刘刚	男	1990 年4 月	烧陶工艺	2014 年第一次接触埙
王勋乐	男	1990 年11 月	烧陶工艺	2014 年接触埙并开始研究制作

后记

从原始先民聚泥成器，吹出的第一声埙音，到中央音乐学院"龙之吟"笛埙乐团演奏出的恢宏乐章；从《诗经》中"天之牖民，如埙如篪"的先哲遗音，到唐代郑希稷《埙赋》的"至哉！埙之自然，以雅不僭，居中不偏"的妙笔赞叹……历史长河中的埙几经兴衰、几经沉浮，繁荣、没落、失传、复兴、改良、发展……生生不息、绵延不绝。

传统文化是一条奔流不息的大江，它在历史的荡涤中大浪淘沙、去伪存真。埙的传承应当从源头出发，尊重历史、尊重传统，用敬畏、感恩之心去聆听、触摸、感受这源自远古的音乐文化，去了解埙诞生、发展的始末和创造、革新的缘由，去呼唤与守望网络时代下传统之声的回归。

这本《中国制埙艺术》既是对各位艺术家研究成果的汇总，也是对广大制埙爱好者的回报。希望本书的出版发行，可以帮助真正热爱制埙艺术的朋友们提高制作技艺，从而传递出埙沉稳、厚重、包容、坦荡、悠远、辽阔的品格——这是埙的品格，更是中华民族的气节。

受史料和学识所限，本书尚存在一定的缺漏和不足，敬请广大读者给予批评、指正！在本书编撰过程中，很多专家、学者给予了大力支持和帮助，为我们提供了大量的文献资料，我们在此致以诚挚的感谢。同时，感谢埙界两位前辈王其书教授、张荣华先生对本书提出的指导性建议，感谢张莉、崔涛、王小建、刘美琪、张科举、郑自豪、郑安邦、谢亮、田懿、陆志天等老师为本书提供珍贵的图片，感谢乔颖为本书前期资料的搜集与汇总做了繁复的工作。各位编委和审稿人也对本书提出了很多建设性意见，使得本书不断修改完善，并最终定稿，在此也一并感谢！

路漫漫其修远兮，埙文化的发展任重道远。埙的制作是埙文化得以健康稳步发展的重要前提。希望本书可以让更多的人认识埙、了解埙，加入专业制埙和传播埙文化的行列中来。埙文化经历了七千多年的沉淀，其更大的发展在当今与未来。祝愿埙文化在不远的将来，于灿若星河的中华文化中熠熠生辉、灿烂辉煌！

张颖铮　沈瀚超

2020 年 5 月